全国工业机器人技术应用技能大赛辅导用书

全国工业机器人技术应用技能大赛备赛指导

组编 本书编审委员会

主编 王亮亮

主审 李瑞峰

机 械 工 业 出 版 社

本书依据全国工业机器人技术应用技能大赛理论知识和操作技能竞赛命题方案编写，主要内容分为三篇，即规范解读篇、试题分析篇、操作技能篇。其中，规范解读篇主要对大赛技术规范和评分标准进行解读；试题分析篇依据理论知识考点给出模拟试题，并对模拟试题进行分析；操作技能篇以大赛平台各模块功能为单位，以任务引领的方式讲解各模块的使用与调试，最终各模块协同完成大赛所有规定项目，将知识点融会贯通，最终转化为工作所需的技能。

本书为全国工业机器人技术应用技能大赛辅导用书，既可作为工业机器人技术应用技能大赛参赛选手备赛、工业机器人高技能人才培养指导用书，也可作为职业院校开展工业机器人技术专业教学的参考教材。

图书在版编目（CIP）数据

全国工业机器人技术应用技能大赛备赛指导/王亮亮
主编．—北京：机械工业出版社，2017.6（2020.3 重印）
ISBN 978 - 7 - 111 - 56883 - 4

Ⅰ．①全… Ⅱ．①王… Ⅲ．①工业机器人 – 竞赛题
Ⅳ．① TP242.2 - 44

中国版本图书馆 CIP 数据核字（2017）第 111367 号

机械工业出版社（北京市百万庄大街22 号　邮政编码100037）
策划编辑：陈玉芝　王振国　责任编辑：王振国
责任校对：任秀丽　胡艳萍
责任印制：常天培
北京京丰印刷厂印刷
2020 年 3 月第 1 版·第 3 次印刷
184mm × 260mm · 16.75 印张·402 千字
4 901—6 800 册
标准书号：ISBN 978 - 7 - 111 - 56883 - 4
定价：59.80 元

凡购本书，如有缺页、倒页、脱页，由本社发行部调换
电话服务　　　　　　　网络服务
服务咨询热线：010-88361066　机 工 官 网：www.cmpbook.com
读者购书热线：010-68326294　机 工 官 博：weibo.com/cmp1952
　　　　　　　010-88379203　金 书 网：www.golden-book.com
封面无防伪标均为盗版　　教育服务网：www.cmpedu.com

序

　　随着云计算、大数据、工业互联网、物联网、人工智能等新一代信息技术的快速发展，以机器人为代表的智能制造发展趋势日益显现。美国再工业化、德国工业4.0、欧洲火花计划、日本机器人新战略、中国制造2025等国家重大发展战略，均把机器人产业作为发展重点。以机器人为代表的智能制造是机遇也是挑战，是思路更是出路。

　　工业和信息化部副部长辛国斌在今年召开的两会上提出："进一步实施制造业人才发展规划指南，加大对机器人专业人才的培养力度，继续办好全国工业机器人技术应用技能大赛。" 2016年中国技能大赛——埃夫特·栋梁杯全国工业机器人技术应用技能大赛自举办以来，技工院校和职业院校踊跃参与、积极练兵，以极大的热情投入到竞赛备战集训中。在竞赛过程中涌现出了一大批优秀教练和高技能选手，也积累了大量宝贵的机器人竞赛试题及优秀的操作案例。通过竞赛，不仅为发现和选拔机器人技能人才创造了条件，为机器人技能人才脱颖而出搭建了舞台，并且带动一些地区机器人技能实训基地的建立，对机器人技能人才的培养和成长都将起到积极的推动作用。同时，对优秀机器人技能人才的表彰，也必将对机器人从业人员及后备力量产生激励作用，在全社会进一步传播"劳动光荣、技能宝贵、创造伟大"的时代风尚，从而推动全体劳动者技术、技能水平的整体提高。

　　随着国家对装备制造业的高度重视和巨大的传统产业技术升级需求，对高素质的机器人技能人才的需求将更加迫切。为了使职业教育的发展与时俱进，适应企业实际所需，通过技能竞赛来选拔和培训机器人高技能人才，是一项贯彻、落实党中央和国务院大力发展职业教育方针的重要措施，对进一步深化职业教育改革、提高职业教育质量、增强职业教育的吸引力有着重要的作用。全国广泛开展的机器人技能竞赛活动已经对选拔、培养和造就机器人技术这种紧缺型人才带来了巨大推动和影响，研究、探索出一套符合中国职业技术教育特点的，具有规模化效应和操作示范性强的机器人技能人才选拔机制、理论和方法势在必行。

　　本书汇集了机器人行业技术带头人、全国多位机器人大赛专家、企业专家等一线科研工程人员、一线教练和往届优秀选手的成功经验，竞赛试题和操作案例都经过严格的筛选和精心编撰，充分体现了机器人技能大赛的发展历程和技术水平，为机器人技能大赛指明了竞赛训练方向，并提供了丰富的竞赛操作案例。本书的总体设计与编写原则是遵循竞赛规律，目的是以赛促教、以赛促训、以赛促学，提升参赛者学习动力，提高参赛者动手能力，全面提高机器人专业竞赛质量。本书内容贴近竞赛实际，更具有专业性、针对性、实战性，并将职业性和竞赛备战指导以及参赛者技能培养发展紧密结合。书中案例，讲解透彻、深入浅出，方便教练指导和选手学习，具有以下特点：

1. 统一规划，系统设计。本书在全国工业机器人技术应用技能大赛组委会的统一领导下，经由行业技术带头人、企业专家、一线科研工程人员及往届大赛冠军组成的编委会系统设计，紧密契合大赛实际，为选手备战集训提供有力支撑。

2. 弘扬工匠精神和贯彻绿色发展理念有机统一。本书弘扬工匠精神，倡导刻苦钻研、精益求精的职业素养，在设计实操比赛考核点时，除对选手完成任务的结果进行考核，还对选手在工作过程中的工序是否符合操作规范、是否具有安全防护、安全操作意识等方面进行考核。贯彻落实"绿色"发展理念，除要求选手完成指定比赛任务，还对选手在完成任务过程中的能源消耗情况进行统计，把能耗作为指标之一来评判选手的技术水平，倡导社会节约资源、保护环境。

3. 强调竞赛过程与企业生产实际相结合。在本书中，大赛实操比赛题目覆盖了工业机器人技术应用的全部岗位，包括装备装配、故障排除、装备维护、示教器编程、装备调校、装备操作等，考核选手从识图、装配、排故、编程、调试到操作装备完成指定任务的全流程技能水平，完全符合企业对于一线岗位工人技能水平的实际需要。实现了竞赛过程与企业生产实际紧密结合的效果。

4. 特点鲜明，服务竞赛。本书摒弃团体赛内容，鼓励选手"提高综合素质，练就过硬本领"，优化选手个人报名参赛内容，突出选手个人需要掌握工业机器人技术应用全部岗位的技能要求。以服务竞赛为宗旨，有效推进复合型高技能人才的培养选拔。

5. 支持中国品牌和民族品牌发展。推进中国制造2025，必须首推中国企业、中国品牌。本书秉持支持国产品牌和民族品牌发展的理念，在大赛决赛考核中所用全部机器人装备均为中国品牌、民族品牌，目的在于促进我国制造业由大变强，提升民族产业的发展水平。大赛第一装备供应商——山东栋梁科技设备有限公司提供的"DLDS-1508工业机器人技术应用实训系统"，技术含量高、实训项目多，不但符合世界技能大赛标准要求，实现了与世界最新技术的无缝接轨，而且还能满足技工院校和职业院校在机器人专业的实训需求。

6. 公布关键技术资料，推动工业机器人应用技术普及。本书体现了大赛公平、公正、公开的比赛原则，公布了大赛的技术方案、命题方案与考核点，能有效促进选手备赛，推动工业机器人应用技术的普及。

本书在编委会的带领下，经过反复研讨、修订和论证，完成了编写工作。山东栋梁科技设备有限公司依托工业机器人专业建设整体解决方案，工业机器人人才培养助推计划，丰富的机器人应用、备赛和实践经验，为本书的编制发行提供了巨大支持，在此一并致谢。

由于编者的学识和经验有限，虽已尽心尽力，但书中仍难免存在疏漏或不足之处，敬请同行专家和读者不吝赐教，予以批评指正。我坚信，在众多有识之士的努力下，本书将提升工业机器人行业的教育与应用水平，促进机器人技能培训和教学，推进工业机器人行业高端技能型人才培养，在新时代为国家经济发展做出新贡献。

哈尔滨工业大学机器人研究所副所长，教授，博士生导师
中国人工智能学会智能机器人专业委员会常务委员　李瑞峰
黑龙江省机器人学会理事长
2017年4月

前　言

作为振兴实体经济、加快工业转型升级的重要突破口，智能制造已成为2017年两会上的热门词语。2017年是我国"十三五"的第二年，也是我国系统推进智能制造发展的第二年，智能制造已成为实施"中国制造2025"的重要抓手，必将对我国经济保持中高速发展、加快推动产业迈向中高端起到关键作用。在推动信息化与工业化进行深度融合的过程中，工业机器人是主攻方向。

2016年，工业和信息化部、人力资源和社会保障部、教育部联合举办了"2016年中国技能大赛——埃夫特·栋梁杯全国工业机器人技术应用技能大赛"，本次大赛具有以下鲜明的特点：

1. 规格高、荣誉高、受众广。
2. 符合岗位技能要求。
3. 选拔复合型人才。
4. 体现绿色发展理念。
5. 弘扬工匠精神、支持国产品牌发展。

2016年全国工业机器人技术应用技能大赛的举办得到了社会各界的广泛关注，共有来自25个省（区、市）的123名选手参加了决赛，并选拔出了一批优秀的技术能手，在全国相关企业与职业院校内掀起了一股学习工业机器人的"热潮"，充分发挥了技能大赛"搭建竞赛平台，选拔技能人才；弘扬工匠精神，助力中国制造"的主旨。为进一步扩大工业机器人技术应用技能大赛的影响力，发挥其在专业教学改革中的引领作用，促进相关院校积极进行专业建设和课程改革，培养更高质量的复合型高技能人才，增强大赛吸引力，山东栋梁科技设备有限公司作为大赛竞赛设备提供商，携手机械工业出版社，联合大赛专家、获奖选手，依据全国工业机器人技术应用技能大赛的技术要求、技术规范以及大赛操作流程，并根据部分参赛选手在大赛中的表现，总结出完成大赛任务的一线实践和教学经验，结合岗位技能需要的原则共同编写了这本大赛辅导用书。

本书以大赛指定的比赛平台"DLDS-1508工业机器人技术应用实训系统"为载体，按"任务引领、工作过程为导向"的职业教育理念，将按钮装配生产线的安装与调试工程由浅入深，分解为若干个工作任务进行了循序渐进的讲述，并对完成每个工作任务所应具备的"知识点、技术点、技能点"以及注意事项、评判标准进行了综合讲解。每个任务又分为任务描述、任务目标、任务准备、任务实施、任务评价与任务小结。本书紧扣大赛流程与工序，语言通俗易懂，图片精美，力求达到提高学员学习兴趣和效率的目的。

　　本书由哈尔滨工业大学机器人研究所副所长、教授、博士生导师、全国工业机器人技术应用技能大赛专家组组长李瑞峰担任主审，山东栋梁科技设备有限公司制造中心总经理、全国工业机器人技术应用技能大赛专家组成员王亮亮担任主编，2016年全国工业机器人技术应用技能大赛获奖者程厚强、邓艳丽和周信担任副主编，全国多所开设工业机器人专业课程的职业院校的骨干教师积极参与了编写。在本书编写过程中，山东栋梁科技设备有限公司提供了大力支持，在此表示衷心的感谢。

　　由于时间仓促，本书难免存在错误和不足之处，恳请专家及广大读者批评指正，提出宝贵的意见和建议，以便本书修订时补充更正。

编　者

目 录

第一篇

规范解读篇

　　本篇主要对全国工业机器人技术应用技能大赛的技术规范和评分标准进行认真解读，以使参赛选手全面了解大赛规程。

项目一 全国工业机器人技术应用技能大赛技术规范

一、竞赛内容

为全面考查参赛选手的综合职业素质和技术技能水平，全国工业机器人技术应用技能大赛实际技能操作竞赛包括基于工业机器人的典型应用、仪器仪表使用和安全文明生产三大部分。实际操作竞赛以操作技能为主，仪器仪表使用及安全文明生产在实际操作竞赛过程中进行考查，不再单独命题。全国工业机器人技术应用技能大赛的竞赛范围与内容见表1-1-1。

表1-1-1 竞赛范围与内容

序 号	内 容	说 明
1	机械电气系统安装	1. 机械组装 2. 电气接线 3. 气路搭建
2	故障排除	1. 通信故障排除 2. 短路故障排除 3. 断路故障排除 4. 线路连接错误故障排除
3	基于工业机器人的典型应用	1. 工业机器人夹具选择 2. 工业机器人坐标系选择及定位 3. 工业机器人示教编程 4. 视觉校准 5. 视觉处理 6. 总线通信 7. PLC应用
4	仪器仪表使用	1. 万用表的使用 2. 绝缘测试仪的使用
5	安全文明生产	1. 正确使用工具 2. 正确使用防护用具 3. 符合工业机器人安全操作要求 4. 保持工作区域内场地、材料和设备的清洁 5. 良好的职业素养

二、主要任务

实际操作部分由参赛选手按工作任务书的要求完成以下工作任务。

1. 机械电气系统安装

根据任务书给定的任务要求和现场提供的部件，进行竞赛环境搭建。

2. 故障排除

在调试过程中进行故障的诊断与排除，并将结果记录到答题纸上。

3. 四轴机器人的校准、编程与调试

根据任务书给定的搬运任务，进行任务分析，编写搬运动作流程，完成四轴机器人的参数设定、程序编写、搬运任务操作调试等工作。

4. 六轴工业机器人的编程与调试

根据任务书给定的装配及搬运任务，进行任务分析，编写搬运动作流程，完成六轴工业机器人的参数设定、程序编写、装配及搬运任务操作调试等工作。

5. 视觉技术应用

根据任务书给定的视觉应用任务，进行任务分析并完成视觉检测、定位、识别等相关应用。

6. 工作效率与节能考核

根据任务书要求完成的任务进行工作效率的提升和消耗（电能）的降低，提高工作效率。

7. 次品率考核

根据任务书要求完成的工作任务要减少次品的产生。

三、大赛平台

全国工业机器人应用技术技能大赛平台采用 DLDS-1508 工业机器人技术应用实训系统，该系统由实训台、原材料库、四轴机器人搬运单元、环形装配检测机构、六轴工业机器人装配分拣单元、视觉检测装置、成品库及控制系统组成，如图 1-1-1 所示。

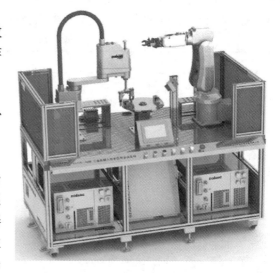

图 1-1-1　DLDS-1508 工业机器人技术应用实训系统

四、选手携带的工具及物品要求

1. 选手应携带的工具（见表 1-1-2）

表 1-1-2　选手应携带的工具

序号	名　　称	型号/规格	单　位	数　　量
1	工具箱		1	个
2	内六角扳手	九件套	1	套
3	活扳手	小号	1	把
4	尖嘴钳	160mm	1	把
5	剥线钳		1	把

（续）

序号	名　称	型号/规格	单　位	数　量
6	压线钳		1	把
7	斜口钳		1	把
8	十字槽螺钉旋具	5mm×75mm	1	把
9	一字槽螺钉旋具	5mm×75mm	1	把
10	十字槽螺钉旋具	3mm×75mm	1	把
11	一字槽螺钉旋具	3mm×75mm	1	把
12	钟表螺钉旋具		1	套
13	电烙铁	35W	1	把
14	焊锡丝		1	卷
15	钢直尺	1m	1	把
16	橡胶榔头	小号	1	只
17	电工胶布		1	卷
18	记号笔		1	支
19	剪刀	中号	1	把
20	绝缘电阻测试仪		1	台
21	万用表	数字式	1	个

2. 选手必须携带的防护用品（表1-1-3）

表1-1-3　选手必须携带的防护用品

序号	防护项目	图　示	说　明
1	眼睛的防护		1. 防止异物溅入眼睛内 2. 戴近视镜也必须佩戴
2	足部的防护		绝缘、防滑、防砸、防穿刺
3	工作服		1. 必须穿长裤 2. 防护服必须紧身不松垮，达到三紧要求 3. 女生必须戴工作帽，长发不得外露

（续）

序号	防护项目	图　　示	说　　明
4	工作手套	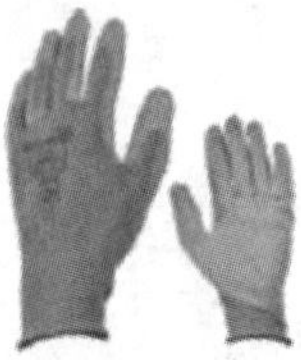	
5	防护耳罩		超过 85dB 时必须佩戴听力保护用具

3. 选手禁止携带的物品（见表 1-1-4）

表 1-1-4　选手禁止携带的物品

序号	有害物品	图　　示	说　　明
1	防锈清洗剂		禁止携带，赛场统一提供
2	酒精	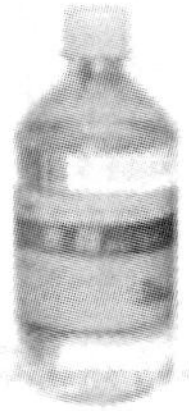	严禁携带
3	汽油		严禁携带
4	有毒有害物	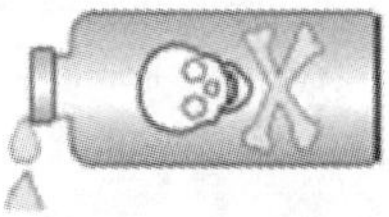	严禁携带

五、操作规范细则

1. 机械部分操作规范细则（见表 1-1-5）

表 1-1-5　机械部分操作规范细则

序号	描述	合格	不合格
1	型材板上的电缆和气管必须分开绑扎		
2	电缆、光纤电缆和气管都作用于同一个活动模块时，允许绑扎在一起		
3	扎带切割后剩余长度不应大于1mm，以免伤人		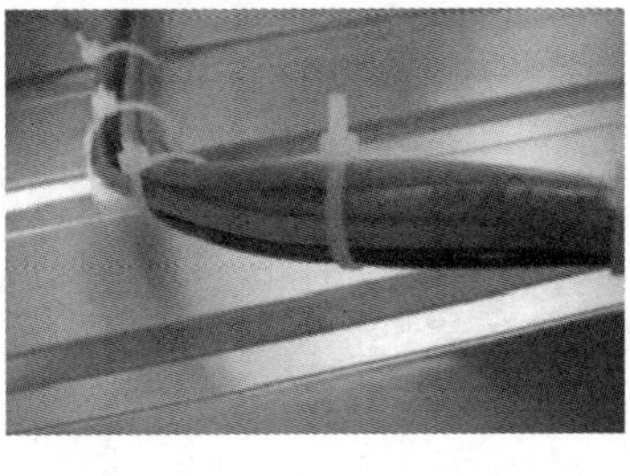

（续）

序号	描述	合格	不合格
4	软线缆或拖链的输入和输出端需要用扎带固定		
5	所有沿着型材往下走的线缆和气管（如 PP 站点处的线管）在安装时需要使用线夹固定		
6	扎带间距应不大于 50mm。这一间距要求同样适用于型材台面下方的线缆。PLC 和系统之间的 I/O 布线不在检查范围内		

（续）

序号	描述	合格	不合格
7	电缆、电线、气管应绑扎在线夹子上	单根电线用绑扎带固定在线夹子上 	单根电缆/电线/气管没有紧固在线夹子上

（续）

序号	描述	合格	不合格
8	第一根扎带离阀岛气管接头连接处的最短距离为60mm ±5mm		
9	所有活动件和工件在运动时不得发生碰撞	所有驱动器、线缆、气管和工件需能够自由运动。如有例外，将在每个任务开始前的例会中进行通知	运行期间，不允许驱动器、线缆、线管或工件间发生接触
10	工具不得遗留在工作站上或工作区域地面上		
11	工作站上不得留有未使用的零部件和工件		

（续）

序号	描述	合格	不合格
11	工作站上不得留有未使用的零部件和工件		
12	所有系统组件和模块必须固定好。所有信号终端也必须固定好		
13	不得丢失或损坏任何零部件或组件（其中包括电缆、线路等）		完成任务期间出现组件丢失或损坏
14	所有型材末端必须安装盖子		
15	固定任何一段线槽时都应使用至少两个带垫圈的螺钉		

（续）

序号	描述	合格	不合格
16	螺钉头不得有损坏，而且螺钉任何部分都不得留有工具损坏的痕迹	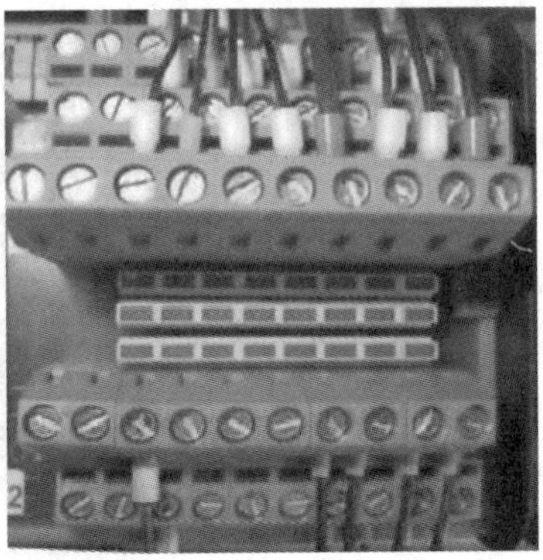	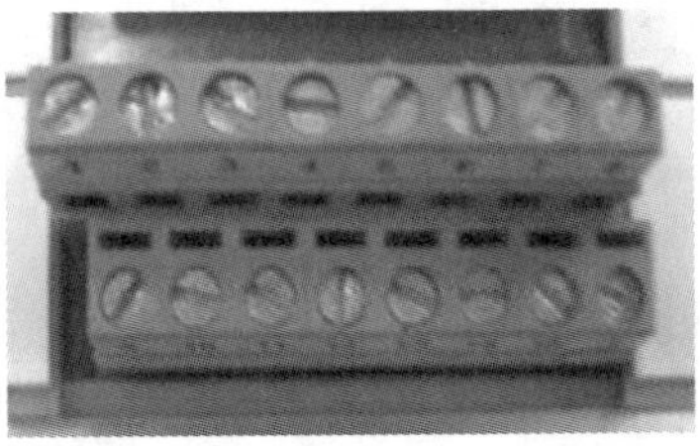
17	装置的零部件和组件不得超出型材台面。如有例外，专家组另行通知		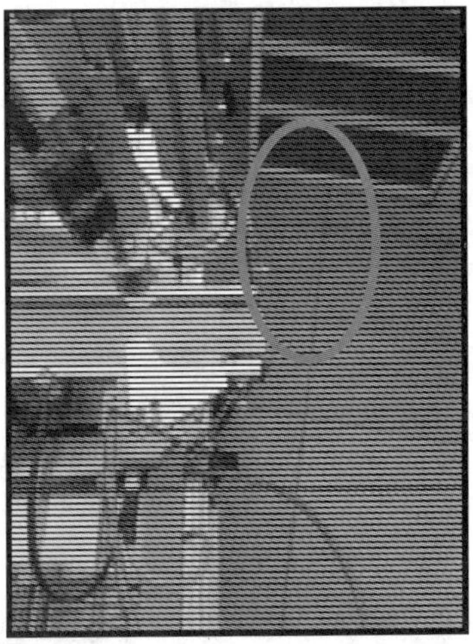

2. 电气部分操作规范细则（见表1-1-6）

表1-1-6　电气部分操作规范细则

序号	描述	合格	不合格
1	冷压端子处不能看到外露的裸线		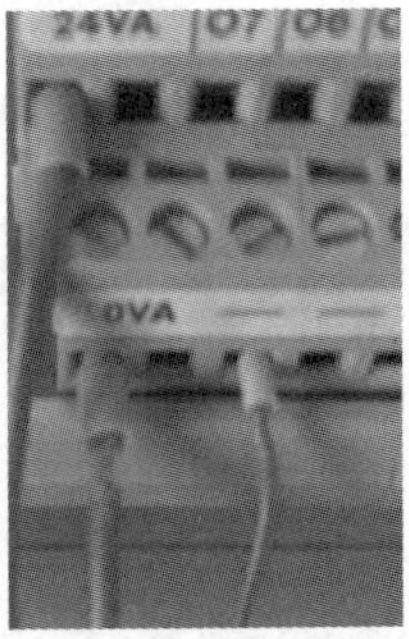

（续）

序号	描述	合格	不合格
2	将冷压端子插到终端模块中		 不允许冷压端子未绝缘部分外露
3	所有螺钉终端处接入的线缆必须使用正确尺寸的绝缘冷压端子		
4	使用夹钳连接时可以不用冷压端子		

（续）

序号	描述	合格	不合格
5	线槽中的电缆必须有至少 100mm 预留长度。如果是同一个线槽里的短接线，没必要预留		
6	需要剥掉线槽外线缆的外部绝缘层（电缆绝缘部分应在走线槽里）		外部绝缘层不得超出线槽
7	线槽必须全部合实，所有槽齿必须盖严		

（续）

序号	描述	合格	不合格
8	要移除多余的线槽齿口。切记线槽不得更换		
9	不得损坏线缆绝缘层并且裸线不得外露		
10	穿过 DIN 轨道或者绕尖角布局的导线必须使用两个线缆托架固定		
11	线槽和接线终端之间的导线不能交叉。组件上方不得走线从线槽到组件之间不得有塑料护套		

（续）

序号	描述	合格	不合格
12	电线中不用的松线必须绑到线上，并且长度必须剪切到和使用的那根长度一致；并且必须保留绝缘层，以防发生触点闭合。此要求适用于线槽内外的所有线缆		

3. 气动系统操作规范细则（见表 1-1-7）

表 1-1-7　气动系统操作规范细则

序号	描述	合格	不合格
1	不得因为气管折弯、扎带太紧等原因成气流受阻		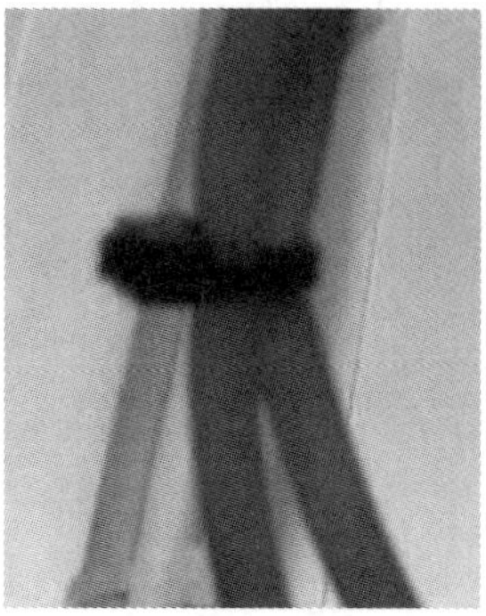
2	气管不得从线槽中穿过（气管不可放入线槽内）		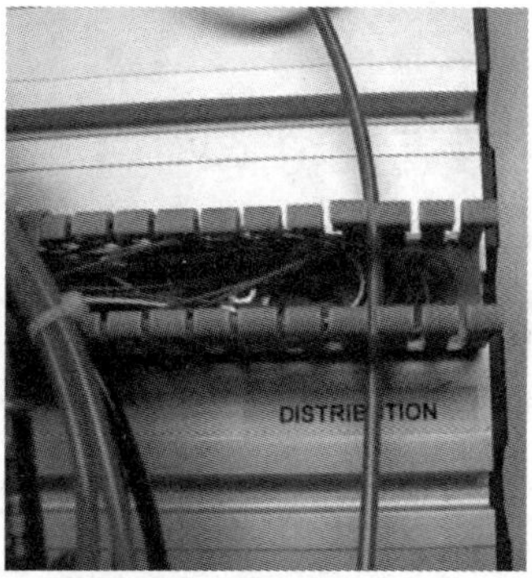
3	所有的气动连接处不得发生泄漏		

4. 工业机器人操作规范细则

1）万一发生火灾，应使用二氧化碳灭火器。

2）急停开关不允许被短接。

3）机器人处于自动模式时，任何人员都不允许进入其运动所及的区域。

4）任何情况下，不要使用工业机器人原始启动盘，应使用复制盘。

5）机器人停机时，夹具上不应放置他物，必须处于空机状态。

6）机器人在发生意外或运行不正常等情况下，均可使用急停开关停止运行。

7）工业机器人在自动状态下，即使运行速度非常低，其动量仍很大，因此，在进行编程/测试及维修等工作时，必须将机器人置于手动模式。

8）气路系统中的压力可达 0.6MPa，任何相关检修都要在切断气源的条件下进行。

9）在手动模式下调试机器人且不需要移动机器人时，必须及时释放使能器。

10）调试人员进入工业机器人工作区域时，必须随身携带示教器，以防他人误操作。

11）在得到停电通知时，要预先关断机器人的主电源及气源。

12）突然停电后，要赶在来电之前预先关闭工业机器人的主电源开关，并及时取下夹具上的工件。

13）维修人员必须保管好机器人钥匙，严禁非授权人员在手动模式下进入工业机器人软件系统，随意翻阅或修改程序及参数。

项目二　全国工业机器人技术应用技能大赛评分标准

一、评分标准制定原则

依据全国工业机器人技术应用技能大赛技术方案中公布的技术规范，本着"科学严谨、公正公平、可操作性强"的原则由技能大赛专家组制定评分标准，对参赛选手完成任务的情况实施综合评定，全面评价参赛选手的技能水平。

二、评分方法

根据大赛技术方案中实际操作竞赛范围与内容，将范围细化到每个考核点，细化后根据技术方案中评分细则进行分数确定，然后对应考核点及其对应分数根据比赛考核目标、内容和要求对参赛选手进行评分，评分采取现场评分和结果评分相结合的方法。

1. 现场评分

现场评分是裁判根据参赛选手的操作规范、文明比赛情况评定参赛选手的职业素养分。

2. 任务评分

任务评分是评分裁判依据评分标准，根据选手提交的任务完成情况进行分阶段评分。具体工作流程如下：

1）根据任务书实际考核内容，分为第一阶段和第二阶段。

2）第一阶段任务结束后，裁判员宣布第一阶段任务结束，对其第一阶段任务进行评判。评判及检测过程完成后，选手应签字确认。

3）第二阶段任务完成后，裁判组对参赛选手的第二阶段任务进行评分。

3. 评分方式

1）完全采用客观化评分，评分项内无主观分值。

2）借助仿真盒对I/O接线及通信设置进行测试。

3）按照客观的任务动作表现形式进行客观评分，无动作表现者均不得分。

三、评分细则

1. 评价指标（见表1-2-1）

表1-2-1　评价指标

一级指标	比例	二级指标	比例
机械、电气及气动系统安装	22%	机械部件安装工艺标准	30%
		电气接线工艺标准	60%

（续）

一级指标	比例	二级指标	比例
机械、电气及气动系统安装	22%	气路连接规范	10%
故障排除	7%	短路故障	20%
		断路故障	40%
		接线故障	40%
基于工业机器人系统应用（含视觉）的编程及调试	55%	四轴机器人的编程及工艺	30%
		六轴机器人的编程及工艺	30%
		工业视觉的编程及工艺	20%
		PLC、触摸屏、伺服控制程序正确性	12%
		PLC与相关附件的通信程序	8%
生产运行效率、节能及次品率	10%	生产运行效率及稳定性	40%
		次品率控制	40%
		节能减排	20%
安全意识（在竞赛过程中考核）	6%	防护用具使用	30%
		场地整洁	20%
		机器人安全操作	50%
职业技能及素养（在竞赛过程中考核）		工具的正确选择与使用、职业道德、职业规范、职业行为和职业意识	

2. 评分细则

（1）机械电气系统安装评分标准（见表1-2-2）

表1-2-2　机械电气系统安装评分标准

序号	考核内容	具体指标	配分/分
1	机械组装（7分）	尺寸符合图样要求	2
		螺钉紧固	0.5
		型材板上的电缆和气管绑扎方式	0.5
		扎带切割后剩余长度	0.5
		沿着型材往下走的线缆和气管的绑扎方式	0.5
		扎带的间距	0.5
		第一根扎带离阀岛气管接头连接处的最短距离	0.5
		工具不得遗留到站上或工作区域地面上	0.5
		工作站上不得留有未使用的零部件和工件	0.5
		所有型材末端必须安装盖子	0.5
		装置的零部件和组件不得超出型材台面，如有例外，专家组将另行通知	0.5
2	电气接线（13分）	所有系统组件和模块必须固定好	0.5
		所有信号终端按给定接线表固定好，并且线号正确	6
		冷压端子处不能看到外露的裸线	1

（续）

序号	考核内容	具体指标	配分/分
2	电气接线 （13分）	将冷压端子插到终端模块中	1
		线槽中的电缆必须有至少100mm预留长度	1
		需要剥掉线槽里线缆的外部绝缘层	0.5
		线槽必须全部合实，所有槽齿必须盖严	0.5
		要移除多余的线槽齿口	0.5
		不得损坏线缆绝缘层并且裸线不得外露	1
		线槽和接线终端之间的导线不能交叉	1
3	气路搭建（2分）	不得因为气管折弯、扎带太紧等原因造成气流受阻	0.5
		气管不得从线槽中穿过	0.5
		所有的气动连接处不得发生泄漏	1
合计			22

（2）故障排除评分标准（见表1-2-3）

表1-2-3　故障排除评分标准

序号	评分内容	答　案	配分/分
1	短路故障		1
2	断路故障		3
3	接线故障		3
合　计			7

（3）基于工业机器人系统应用的编程及调试评分标准（见表1-2-4）

表1-2-4　基于工业机器人系统应用的编程及调试评分标准

序号	考核内容	具体指标	配分/分
1	夹具选择（4分）	根据工件尺寸选择合适的夹具	2
		机器人正常控制夹具	2
2	坐标系选择及 定位（10分）	准确建立SCARA机器人工件坐标系	2
		准确建立六关节机器人工件坐标系	2
		SCARA机器人取放工件定位准确	3
		六关节机器人取放工件定位准确	3
3	示教编程（20分）	SCARA机器人手动单步运行	0.5
		SCARA机器人自动连续运行	0.5
		六关节机器人手动单步运行	0.5
		六关节机器人自动连续运行	0.5
		SCARA机器人根据任务要求流畅运行	8
		六关节机器人根据任务要求流畅运行	8
		机器人采用示教器编写逻辑、运动以及通信程序	2

（续）

序号	考核内容	具体指标	配分/分
4	工业视觉的编程及工艺（11分）	能正确完成编程	2
		可手动调节视觉系统焦距	1
		可手动触发视觉系统拍照	1
		联机状态下能正常识别工件颜色	3
		联机状态下能判断工件是否合格	3
		自动模式下，工件到达检测位置，可自动触发拍照	1
5	控制程序正确性（5分）	PLC 运行正常	1
		伺服电动机参数设置正确，并能够准确定位	1
		触摸屏显示内容符合任务书要求	3
6	PLC 与相关附件通信程序（5分）	PLC 与 SCARA 机器人的 Modbus-TCP 通信正常	1
		PLC 与六关节机器人的 Modbus-TCP 通信正常	1
		PLC 与视觉系统的 Modbus-TCP 通信正常	1
		PLC 与触摸屏的 Modbus-TCP 通信正常	1
		PLC 与伺服控制器的 CAN Link 通信正常	1
	合　　计		55

（4）生产运行效率及节能评分标准（见表1-2-5）

表1-2-5　生产运行效率及节能生产运行效率及节能

序号	考核内容	具体指标	配分/分
1	生产运行效率及稳定性（4分）	机器人必须在规定时间内完成成品工件组装、存储	1
		自动模式下，整个运行周期内不允许人工参与	1
		整个运行周期内不允许出现异响	1
		自动模式下，不允许出现中途停止、卡顿	1
2	次品率控制（4分）	工件表面清洁、无刮痕	1
		工件按要求安装成功	2
		工件未损坏	1
3	节能（2分）	电能使用总量	2
4	生产运行效率及稳定性（4分）	机器人必须在规定时间内完成成品工件组装、存储	1
	合　　计		10

（5）安全文明生产评分标准（见表1-2-6）

表1-2-6　安全文明生产评分标准

序号	考核内容	具体指标	配分/分
1	防护用具使用（2分）	穿紧工作服及安全帽（工作服不带单位信息）	1
		穿戴绝缘鞋（起到保护覆盖绝缘目的穿着舒适即可，不得穿拖鞋凉鞋）	1
	场地整洁（1分）	工作场地地面无杂物	0.5
		工作场地垃圾分类	0.5

（续）

序号	考核内容	具体指标	配分/分
2	机器人安全操作（3分）	机器人周围区域必须清洁，确保无油、水及杂质等	1
		装卸工件前，先将机器人运动至安全位置，严禁自动运行过程中进入机器人工作区域	1
		不得戴手套操作机器人示教器和转盘	1
合　　计			6

（6）职业素养扣分标准（见表1-2-7）

表1-2-7　职业素养扣分标准

序号	考核内容	扣分标准	配分
1	操作不当破坏赛场提供的设备	工业机器人碰撞相机或夹具碰损	扣5分/次
		工件损坏	扣1分/次
		其他损坏设备的情况（碰撞损坏设备等）	扣2分/次
		破坏设备无法继续进行比赛	取消比赛资格
2	违反赛场纪律，扰乱赛场秩序	在裁判长发出开始比赛指令前，提前操作	扣3分
		选手签名时，使用了真实姓名或者能体现真实身份信息（只标注工位号）	扣5分/处
		不服从裁判指令	扣3分/次
		在裁判长发出结束比赛指令后，继续操作	实操成绩记0分
		擅自离开比赛工位	取消比赛资格
合计扣除			

第二篇

试题分析篇

本篇依据全国工业机器人技术应用大赛理论知识考点给出大量模拟试题,并对模拟试题进行仔细分析,以帮助参赛选手顺利通过理论测试。

项目一　全国工业机器人技术应用技能大赛理论知识命题说明

一、理论知识竞赛的范围及所占总分比例

理论知识竞赛以工业机器人技术应用知识为主，以机电一体化、工业自动化、电气自动化相关知识为辅分为 4 个模块，分别是：电工基础（占 25%）、机械知识（占 15%）、机械制图（占 10%）和工业机器人技术（占 50%）。

（1）电工基础　电学基本知识和技能、电气工程的基本理论，包括直流电路、电磁学、交流电路、非正弦交流电路及过渡过程基本概念、常用电工仪表的基本结构原理及使用办法。

（2）机械知识　极限与配合、带传动与链传动、渐开线齿轮传动、定轴轮系、常用机构、轴承、联接、液压与气动基础等。

（3）机械制图　投影几何的基本理论及制图的基本知识、机械加工零件图和装配图的画法、工程制图的国家标准、尺寸公差和表面粗糙度的标注、标准件简化画法和实物测绘方法。

（4）工业机器人技术　工业机器人的发展概况、工业机器人的结构、工业机器人的运动学及动力学、直流伺服电动机驱动、步进电动机和交流伺服电动机驱动、工业机器人控制、工业机器人的环境感受技术、工业机器人的编程语言、工业机器人系统、工业机器人的视觉传感系统、工业机器人的接近、力觉和压觉传感器。

表 2-1-1 为理论知识竞赛各模块知识点。

表 2-1-1　理论知识竞赛各模块知识点

模块	知识点（考核点）		模块	知识点（考核点）	
	一级	二级		一级	二级
电工基础	直流电路	电路中的基本物理量	电工基础	交流电路	RLC 串联谐振电路
		电路的等效化简			三相交流电路工作特性
		支路电流法和叠加定理		非正弦电路	电动机工作特性
		戴维宁定理和最大功率传输定理			电动机的认识
	电磁学	变压器工作特性		过渡过程	动态电路工作特性
		互感电路工作特性		常用电工仪表	常用电工测量仪表的认识和使用
	交流电路	正弦交流电的认识与测量			常用电量的测量
		正弦信号激励下 R、L、C 的特性			电路元件的检测
		正弦信号激励下 RL、RC 串联电路的特性			电路中电位的测量及故障检测
					电路中电压和电流的分配关系

（续）

模块	一级	二级	模块	一级	二级
机械制图	机械制图基本知识	制图基本规定	机械知识	定轴轮系	类型和应用特点以及传动计算
		尺寸注法		常用机构	类型和特点以及应用场合
	正投影基础	投影法基本概念		轴承	类型和应用特点
		点线面的投影		联接	类型和应用特点
		几何体的投影		液压与气动基础	系统组成与传动特点
	机件表达方法	组合体视图			液压与气动系统图的识别
		剖视图	工业机器人技术	工业机器人概论	工业机器人的定义及发展
		断面图			工业机器人的分类
		其他表达			工业机器人基本组成及特征
	标准件与常用件	标准件与常用件的画法		工业机器人的机械系统	工业机器人本体机构组成及特征
	零件图	零件图的视图表达			工业机器人的传动机构特征
		零件图的尺寸标注			工业机器人的安装（接口夹具、吊装）
		表面结构表示法			工业机器人的末端执行器
		极限和配合			工业机器人的维护保养
		几何公差		工业机器人的动力系统	动力系统的类型和组成
		工艺结构			
		零件图测绘		工业机器人的感知系统	感知技术概述
	装配图	装配图的表达			传感器
		装配结构			视觉技术
机械知识	极限与配合	极限与配合标准的基本规定		工业机器人的控制系统	功能和组成
		计算方法及代号			分类和结构
	带传动与链传动	常用类型和应用特点			控制器
		张紧方式的选择		工业机器人的编程与调试	编程要求与语言类型
	渐开线齿轮传动	传动特点和类型			语言系统结构和基本功能
		齿轮参数计算			

二、试题类型和分值

试题全部采用客观题，由 50 道单项选择题、20 道多项选择题、40 道判断题组成，共计 110 题，总分 100 分，其中单项选择题每题 1 分、多项选择题每题 1.5 分、判断题每题 0.5 分。

理论知识竞赛成绩按 20% 的比例折算计入竞赛总成绩。

三、理论竞赛时间

理论竞赛时间为 1h，采用计算机考试。

四、命题和组卷方式

命题采用专家命题，建立题库，试卷生成按各模块所占比例随机组卷的方式完成。题库中试题量至少是竞赛题量的 5 倍，竞赛试题在比赛前随机组成 A、B、C 三套试题，现场开考前由裁判组随机抽取一套。

五、主要参考书目

1）《电工技术基础及应用项目教程》：宁秋平、马宏骞主编，电子工业出版社，第 4 版。

2）《机械设计基础》：李煜主编，人民邮电出版社，第 1 版。

3）《机械制图》：金大鹰主编，机械工业出版社，第 4 版。

4）《工业机器人》：韩建海主编，华中科技大学出版社，第 3 版。

项目二　全国工业机器人技术应用技能大赛理论知识模拟试题

电工基础模块

一、单项选择题

1. 下面给出的量中，不属于电工测量对象的是（　　）。

A. 电功率　　　　　　B. 磁通量　　　　　　C. 流量　　　　　　D. 频率

2. 在文字符号标志的电阻法中，4K5 的阻值是（　　）。

A. 450kΩ　　　　　　B. 45kΩ　　　　　　C. 4.5kΩ　　　　　　D. 4×10^5 kΩ

3. 电路中若用导线将负载短路，则电路的状态（　　）。

A. 不变　　　　　　B. 等于零　　　　　　C. 很大的短路电流　　D. 略有减少

4. RLC 串联的正弦呈感性时，总电压与电流之间的相位差是（　　）。

A. $\varPhi > 0$　　　　　　B. $\varPhi < 0$　　　　　　C. $\varPhi = 0$　　　　　　D. 任意值

5. 在纯电容电路中，下列关系式正确的是（　　）。

A. $I = \dfrac{U}{\omega C}$　　　　B. $I = U\omega C$　　　　C. $I_m = \dfrac{U_m}{\omega C}$　　　　D. $i = \dfrac{U}{X_C}$

6. 电气设备铭牌上所标出的电压、电流值都是指（　　）。

A. 最大值　　　　　　B. 有效值　　　　　　C. 瞬时值　　　　　　D. 平均值

7. 变压器降压使用时，能输出较大的（　　）。

A. 功率　　　　　　B. 电流　　　　　　C. 电能　　　　　　D. 电功

8. 三相异步电动机旋转磁场的旋转方向是由三相电源的（　　）决定。

A. 相位　　　　　　B. 相序　　　　　　C. 频率　　　　　　D. 相位角

9. 电气控制线路原理图中，触头的位置是处于（　　）。

A. 未通电状态　　　　　　　　　　B. 通电状态

C. 根据情况确定状态　　　　　　　D. 不确定

10. 为保证机床操作者的安全，机床照明灯的电压应选（　　）。

A. 380V　　　　　　B. 220V　　　　　　C. 110V　　　　　　D. 36V 以下

11. 关于提高功率因数的说法，正确的是（　　）。

A. 在阻性负载上并联电感可以提高功率因数

B. 在阻性负载上并联电容可以降低功率因数

C. 在感性负载上并联电容可以提高功率因数

D. 在感性负载上并联电容可以降低功率因数

12. 乙类互补对称式功放电路，其输出波形的交越失真是指（　　　）。

A. 频率失真 　　　　　　　　　　　B. 相位失真

C. 波形过零时出现的失真 　　　　　D. 幅度失真

13. 稳压二极管的动态电阻（　　　）稳压性能越好。

A. 越大 　　　　B. 越小 　　　　C. 较合适 　　　　D. 不一定

14. 运算放大电路如图 2-2-1 所示，该电路中反馈类型为（　　　）。

A. 串联电压负反馈

B. 串联电流负反馈

C. 并联电压负反馈

D. 并联电流负反馈

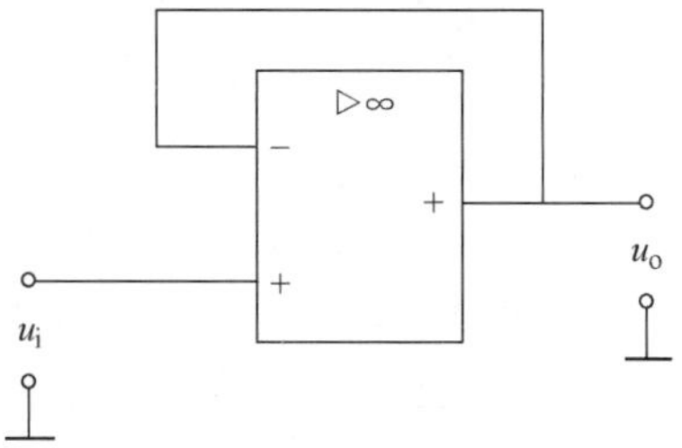

图 2-2-1

15. 单稳态触发器的输出状态有（　　　）。

A. 一个稳态、一个暂态

B. 两个稳态

C. 只有一个稳态

D. 没有稳态

16. 一个 8 选 1 多路选择器，输入地址有（　　　）。

A. 2 位 　　　　B. 3 位 　　　　C. 4 位 　　　　D. 8 位

17. 交流电能表属于（　　　）仪表。

A. 电磁系 　　　　B. 电动系 　　　　C. 感应系 　　　　D. 磁电系

18. 当万用表的转换开关放在空档时，则（　　　）。

A. 表头被断开 　　　B. 表头被短路 　　　C. 与表头无关 　　　D. 整块表被断开

19. 一个带正电荷的微粒（重力不计），穿过图 2-2-2 所示匀强电场和匀强磁场区域时，恰能沿直线运动，则欲使电荷向下偏转时应采用的办法是（　　　）。

A. 增大电荷质量 　　　　　　　　B. 增大电荷电量

C. 减小入射速度 　　　　　　　　D. 增大磁感强度

20. 水平放置的带电平行板电容器两板间，悬浮着一个带负电的微粒，若从微粒取走一些负电荷（质量不变），为使它仍能悬浮，应该（　　　）。

A. 减小两板正对面积 　　　　　　　B. 增大两板的正对面积

C. 使两板靠近些 　　　　　　　　　D. 使两板分开些

21. 一带电粒子射入一固定在 O 点的点电荷电场中，粒子运动轨迹如图 2-2-3 中虚线所示，图中实线是同心圆弧，表示电场的等势面，不计重力，可以判断（　　　）。

A. 此粒子一直受到静电排斥力作用

B. 粒子在 b 点电势能一定大于在 a 点的电势能

C. 粒子在 b 点速度一定大于在 a 点速度

D. 粒子在 a 点和 c 点速度大小一定相等

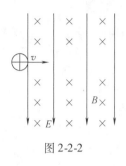

图 2-2-2

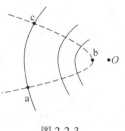

图 2-2-3

22. 如图 2-2-4 所示，$R_1 = R_3 < R_2 = R_4$，在 A、B 两端接上电源后，各个电阻消耗的电功率的大小关系是（ ）。

A. $P_1 = P_3 < P_2 = P_4$

B. $P_2 > P_1 > P_4 > P_3$

C. $P_2 > P_1 > P_3 > P_4$

D. $P_1 > P_2 > P_4 > P_3$

23. 如图 2-2-5 所示，光滑导轨 MM′ 与 NN′ 水平放置，两根导体棒平行放于导轨上，形成一个闭合回路，当一条形磁铁从上方下落（未达导轨平面）的过程中，导体 P、Q 的运动情况是（ ）。

A. P、Q 互相靠拢

B. P、Q 互相远离

C. P、Q 均静止

D. 因磁铁下落极性未知，无法判断

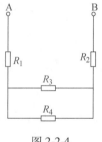

图 2-2-4

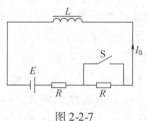

图 2-2-5

24. 如图 2-2-6 所示，闭合导线框的质量可忽略不计，将它从图示位置匀速拉出匀强磁场，若第一次用 0.3s 时间拉出，外力所做功为 W_1，通过导线横截面的电量为 q_1，第二次用 0.9s 时间拉出，外力做功为 W_2，通过导线截面的电量为 q_2，则（ ）。

A. $W_1 < W_2$，$q_1 < q_2$

B. $W_1 < W_2$，$q_1 = q_2$

C. $W_1 > W_2$，$q_1 = q_2$

D. $W_1 > W_2$，$q_1 > q_2$

25. 如图 2-2-7 所示，多匝电感线圈 L 的电阻和电池内阻都忽略不计，两个电阻的阻值都是 R，开关 S 原来打开，电流 $I_0 = E/2R$，现在闭合开关将一个电阻短路，于是线圈有自感电动势产生，该电动势（ ）。

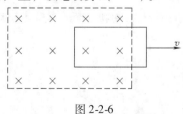

图 2-2-6

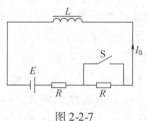

图 2-2-7

A. 有阻碍电流的作用，最后电流由 I_0 减少到零

B. 有阻碍电流的作用，最后电流总小于 I_0

C. 有阻碍电流增大的作用，因而电流 I_0 保持不变

D. 有阻碍电流增大的作用，但电流最后还是增大到 $2I_0$

二、判断题

1. 纯电阻单相正弦交流电路中的电压与电流，其瞬时值遵循欧姆定律。　　　　　（　）

2. 线圈右手螺旋定则是：四指表示电流方向，大拇指表示磁力线方向。　　　　（　）

3. 短路电流大，产生的电动力就大。　　　　　　　　　　　　　　　　　　（　）

4. 电位高低的含义是指该点对参考点间的电流大小。　　　　　　　　　　　（　）

5. 直导线在磁场中运动一定会产生感应电动势。　　　　　　　　　　　　　（　）

6. 最大值是正弦交流电在变化过程中出现的最大瞬时值。　　　　　　　　　（　）

7. 电动势的实际方向规定为从正极指向负极。　　　　　　　　　　　　　　（　）

8. 两个同频率正弦量相等的条件是最大值相等。　　　　　　　　　　　　　（　）

9. 在均匀磁场中，磁感应强度 B 与垂直于它的截面积 S 的乘积，叫作该截面的磁通密度。　　　　　　　　　　　　　　　　　　　　　　　　　　　　　　　　（　）

10. 自感电动势的方向总是与产生它的电流方向相反。　　　　　　　　　　（　）

11. 一段电路的电压 $U_{AB} = -10\text{V}$，该电压实际上是 A 点电位高于 B 点电位。　（　）

12. 正弦量可以用相量表示，所以正弦量也等于相量。　　　　　　　　　　（　）

13. 没有电压就没有电流，没有电流就没有电压。　　　　　　　　　　　　（　）

14. 如果把一个 24V 的电源正极接地，则负极的电位是 -24V。　　　　　（　）

15. 电路中两点的电位分别是 $V_1 = 10\text{V}$，$V_2 = -5\text{V}$，这 1 点对 2 点的电压是 15V。
　　　　　　　　　　　　　　　　　　　　　　　　　　　　　　　　　　（　）

16. 将一根条形磁铁截去一段仍为条形磁铁，它仍然具有两个磁极。　　　　（　）

17. 磁场可用磁力线来描述，磁铁中的磁力线方向始终是从 N 极到 S 极。　（　）

18. 在电磁感应中，感应电流和感应电动势是同时存在的；没有感应电流，也就没有感应电动势。　　　　　　　　　　　　　　　　　　　　　　　　　　　　　　　　（　）

19. 正弦交流电的周期与角频率的关系是互为倒数。　　　　　　　　　　　（　）

20. 有两个频率和初相位不同的正弦交流电压 u_1 和 u_2，若它们的有效值相同，则最大值也相同。　　　　　　　　　　　　　　　　　　　　　　　　　　　　　　　（　）

21. 电阻两端的交流电压与流过电阻的电流相位相同，在电阻一定时，电流与电压成正比。　　　　　　　　　　　　　　　　　　　　　　　　　　　　　　　　　　　（　）

22. 视在功率就是有功功率加上无功功率。　　　　　　　　　　　　　　　（　）

23. 正弦交流电中的角频率就是交流电的频率。　　　　　　　　　　　　　（　）

24. 负载电功率为正值表示负载吸收电能，此时电流与电压降的实际方向一致。（　）

25. 人们常用"负载大小"来指负载电功率大小，在电压一定的情况下，负载大小是指通过负载的电流的大小。　　　　　　　　　　　　　　　　　　　　　　　　　　　（　）

26. 通过电阻的电流增大到原来的 2 倍时，它所消耗的电功率也增大到原来的 2 倍。
　　　　　　　　　　　　　　　　　　　　　　　　　　　　　　　　　　（　）

27. 加在电阻上的电压增大到原来的 2 倍时,它所消耗的电功率也增大到原来的 2 倍。

( )

28. 若干电阻串联时,其中阻值越小的电阻,通过的电流也越小。 ( )

29. 电阻并联时的等效电阻值比其中最小的电阻值还要小。 ( )

30. 电容 C 是由电容器的电压大小决定的。 ( )

31. 对称三相 Y 接法电路,线电压最大值是相电压有效值的 3 倍。 ( )

32. 电阻两端的交流电压与流过电阻的电流相位相同,在电阻一定时,电流与电压成正比。 ( )

33. 相线间的电压就是线电压。 ( )

34. 相线与零线间的电压叫作相电压。 ( )

35. 三相负载作星形联结时,线电流等于相电流。 ( )

36. 三相负载作三角形联结时,线电压等于相电压。 ( )

37. 交流电的超前和滞后,只能对同频率的交流电而言,不同频率的交流电,不能说超前和滞后。 ( )

38. 纯电感线圈对直流电来说,相当于短路。 ( )

39. 三相对称电源接成三相四线制,目的是向负载提供两种电压,在低压配电系统中,标准电压规定线电压为 380V,相电压为 220V。 ( )

40. 在三相四线制低压供电网中,三相负载越接近对称,其中性线电流就越小。 ( )

41. 在负载对称三相电路中,无论是星形联结,还是三角形联结,当线电压 U 和线电流 I 及功率因数已知时,电路的平均功率为 $P = UI\cos\varphi$。 ( )

42. 三相电流不对称时,无法由一相电流推知其他两相电流。 ( )

43. 每相负载的端电压叫作负载的相电压。 ( )

44. 电气设备功率大,功率因数当然就大。 ( )

45. 降低功率因数,对保证电力系统的经济运行和供电质量十分重要。 ( )

46. 三相电动势达到最大值的先后次序叫作相序。 ( )

47. 从中性点引出的导线叫作中性线,当中性线直接接地时称为零线,又叫地线。 ( )

48. 从各相首端引出的导线叫作相线,俗称火线。 ( )

49. 有中性线的三相供电方式叫作三相四线制,它常用于低压配电系统。 ( )

50. 不引出中性线的三相供电方式叫作三相三线制,一般用于高压输电系统。 ( )

51. 线圈本身的电流变化而在线圈内部产生电磁感应的现象,叫作互感现象。 ( )

52. 一个线圈电流变化而在另一个线圈产生电磁感应的现象,叫作自感现象。 ( )

53. 铁心内部环流称为涡流,涡流所消耗的电功率,称为涡流损耗。 ( )

三、多项选择题

1. 具有储能功能的电子元器件有 ( )。
A. 电阻　　　　　　　　B. 电感　　　　　　　　C. 晶体管　　　　　　　　D. 电容

2. 简单的直流电路主要由 ( ) 等部分组成。
A. 电源　　　　　　　　B. 负载　　　　　　　　C. 连接导线　　　　　　　　D. 开关

3. 导体的电阻与 ( ) 有关。
A. 电源　　　　　　　　　　　　　　　　B. 导体的长度

C. 导体的横截面积　　　　　　　　　D. 导体的材料性质

4. 正弦交流电的三要素是（　　　　）。

A. 最大值　　　　B. 有效值　　　　C. 角频率　　　　D. 初相位

5. 能用于整流的半导体器件有（　　　　）。

A. 二极管　　　　B. 晶体管　　　　C. 晶闸管　　　　D. 场效应晶体管

6. 可用于滤波的元器件有（　　　　）。

A. 二极管　　　　B. 电阻　　　　C. 电感　　　　D. 电容

7. 在 RLC 串联电路中，下列情况正确的是（　　　　）。

A. $\omega L > \omega C$，电路呈感性　　　　　　B. $\omega L = \omega C$，电路呈阻性

C. $\omega L > \omega C$，电路呈容性　　　　　　D. $\omega C > \omega L$，电路呈容性

8. 功率因数与（　　　　）有关。

A. 有功功率　　　　B. 视在功率　　　　C. 电源的频率

9. 基尔霍夫定律的公式表现形式为（　　　　）。

A. $\Sigma I = 0$　　　　B. $\Sigma U = IR$　　　　C. $\Sigma E = IR$　　　　D. $\Sigma E = 0$

10. 电阻元件的参数可用（　　　　）来表达。

A. 电阻 R　　　　B. 电感 L　　　　C. 电容 C　　　　D. 电导 G

11. 应用基尔霍夫第一定律（KCL）时，要注意的是（　　　　）。

A. KCL 是按照电流的参考方向来列写的

B. KCL 与各支路中元件的性质有关

C. KCL 也适用于包围部分电路的假想封闭面

D. KCL 是按照电压的参考方向来列写的

12. 当线圈中磁通量增大时，对感应电流产生的磁通方向描述正确的是（　　　　）。

A. 与原磁通方向相反　　　　　　　　B. 与原磁通方向相同

C. 与原磁通方向无关　　　　　　　　D. 与线圈尺寸大小有关

13. 通电绕组在磁场中的受力不能用（　　　　）判断。

A. 安培定则　　　　B. 右手螺旋定则　　　　C. 右手定则　　　　D. 左手定则

14. 互感系数与（　　　　）无关。

A. 电流大小　　　　　　　　　　　　B. 电压大小

C. 电流变化率　　　　　　　　　　　D. 两互感绕组相对位置及其结构尺寸

15. 电磁感应过程中，回路中所产生的电动势是与（　　　　）无关的。

A. 通过回路的磁通量　　　　　　　　B. 回路中磁通量变化率

C. 回路所包围的面积　　　　　　　　D. 回路边长

16. 对于电阻的串并联关系不易分清的混联电路，可以采用（　　　　）方法。

A. 逐步简化法　　　　B. 改画电路　　　　C. 等电位　　　　D. 直接分析

17. 自感系数与（　　　　）无关。

A. 电流大小　　　　　　　　　　　　B. 电压高低

C. 电流变化率　　　　　　　　　　　D. 线圈结构及材料性质

18. RLC 并联电路处于谐振状态时，电容 C 两端的电压不等于（　　　　）。

A. 电源电压与电路品质因数 Q 的乘积　　B. 电容器额定电压

C. 电源电压   D. 电源电压与电路品质因数 Q 的比值

19. 电感元件上电压相量和电流相量之间的关系不满足（　　　）。

A. 同向   B. 电压超前电流 90°

C. 电流超前电压 90°   D. 反向

20. 全电路欧姆定律中回路电流 I 的大小与（　　　）有关。

A. 回路中的电动势 E B. 回路中的电阻 R

C. 回路中电动势 E 的内电阻 r_0 D. 回路中电功率

21. 实际的直流电压源与直流电流源之间可以变换，变换时应注意（　　　）。

A. 理想的电压源与电流源之间可以等效

B. 要保持端钮的极性不变

C. 两种模型中的电阻 R_0 是相同的，但连接关系不同

D. 两种模型的等效是对外电路而言

22. 应用叠加定理来分析计算电路时，应注意（　　　）。

A. 叠加定理只适用于线性电路

B. 各电源单独作用时，其他电源置零

C. 叠加时要注意各电流分量的参考方向

D. 叠加定理适用于电流、电压、功率

23. 下列戴维南定理的内容表述中，正确的有（　　　）。

A. 有源网络可以等效成一个电压源和一个电阻

B. 电压源的电压等于有源二端网络的开路电压

C. 电阻等于网络内电源置零时的输入端电阻

D. 有源网络可以等效成一个电流源和一个电阻

24. 多个电阻串联时，以下特性正确的是（　　　）。

A. 总电阻为各分电阻之和   B. 总电压为各分电压之和

C. 总电流为各分电流之和   D. 总消耗功率为各分电阻的消耗功率之和

25. 多个电阻并联时，以下特性正确的是（　　　）。

A. 总电阻为各分电阻的倒数之和   B. 总电压与各分电压相等

C. 总电流为各分支电流之和   D. 总消耗功率为各分电阻的消耗功率之和

26. 电桥平衡时，下列说法正确的有（　　　）。

A. 检流计的指示值为零   B. 相邻桥臂电阻成比例，电桥才平衡

C. 对边桥臂电阻的乘积相等，电桥也平衡

D. 四个桥臂电阻值必须一样大小，电桥才平衡

27. 电位的计算实质上是电压的计算，下列说法正确的有（　　　）。

A. 电阻两端的电位是固定值

B. 电压源两端的电位差由其自身确定

C. 电流源两端的电位差由电流源之外的电路决定

D. 电位是一个相对量

28. 求有源二端网络开路电压的方法，正确的方法可采用（　　　）。

A. 应用支路伏安方程   B. 欧姆定律

C. 叠加法　　　　　　　　　　　　　　D. 节点电压法

29. 三相电源连接方法可分为（　　）。

A. 星形联结　　　　B. 串联　　　　C. 三角形联结　　　D. 并联

30. 三相电源连接三相负载，三相负载的连接方法分为（　　）。

A. 星形联结　　　　B. 串联　　　　C. 并联　　　　D. 三角形联结

31. 电容器形成电容电流有多种工作状态，它们是（　　）。

A. 充电　　　　B. 放电　　　　C. 稳定状态　　　　D. 随充随放

32. 电容器常见的故障有（　　）。

A. 断线　　　　B. 短路　　　　C. 漏电　　　　D. 失效

33. 电容器的电容决定于（　　）三个因素。

A. 电压　　　　　　　　　　　　B. 极板的正对面积

C. 极间距离　　　　　　　　　　D. 电介质材料

34. 多个电容串联时，其特性满足（　　）。

A. 各电容极板上的电荷相等

B. 总电压等于各电容电压之和

C. 等效总电容的倒数等于各电容的倒数之和

D. 大电容分高电压，小电容分到低电压

35. 每个磁铁都有一对磁极，它们是（　　）。

A. 东极　　　　B. 南极　　　　C. 西极　　　　D. 北极

36. 磁力线具有（　　）基本特性。

A. 磁力线是一条封闭的曲线

B. 磁力线可以相交的

C. 对于永久磁体，在外部，磁力线由 N 极出发回到 S 极

D. 对于永久磁体，在内部，磁力线由 S 极出发回到 N 极

37. 根据楞次定律可知，线圈的电压与电流满足（　　）。

A. $di/dt > 0$ 时，$eL < 0$　　　　　　B. $di/dt > 0$ 时，$eL > 0$

C. $di/dt < 0$ 时，$eL < 0$　　　　　　D. $di/dt < 0$ 时，$eL > 0$

38. 电感元件具有（　　）特性。

A. $di/dt > 0$，$uL > 0$，电感元件储能

B. $di/dt < 0$，$uL < 0$，电感元件释放能量

C. 没有电压，其储能为零

D. 在直流电路中，电感元件处于短路状态

39. 正弦量的表达形式有：（　　）。

A. 三角函数表示式　　　　　　　　B. 相量图

C. 复数　　　　　　　　　　　　　D. 矢量图

40. RLC 电路中，其电量单位为 Ω 的有（　　）。

A. 电阻 R　　　　B. 感抗 X_L　　　　C. 容抗 X_C　　　　D. 阻抗 Z

41. 负载的功率因数低，会引起（　　）等问题。

A. 电源设备的容量过分利用　　　　　　B. 电源设备的容量不能充分利用

C. 送配电线路的电能损耗增加　　　　　D. 送配电线路的电压损失增加

42. *RLC* 串联电路谐振时，其特点有（　　）。

A. 电路的阻抗为一纯电阻，功率因数等于1

B. 当电压一定时，谐振电流为最大值

C. 谐振时电感电压和电容电压的有效值相等，相位相反

D. 串联谐振又称为电流谐振

43. 与直流电路不同，正弦电路的端电压和电流之间有相位差，因而就有（　　）概念。

A. 瞬时功率只有正没有负　　　　　　　B. 有功功率

C. 无功功率　　　　　　　　　　　　　D. 视在功率和功率因数等

44. *RLC* 并联电路谐振时，其特点有（　　）。

A. 电路的阻抗为一纯电阻，阻抗最大

B. 当电压一定时，谐振电流为最小值

C. 谐振时电感电流和电容电流近似相等，相位相反

D. 并联谐振又称为电流谐振

45. 正弦电路中某元件的 u 和 i 的参考方向一致，当 $i = 0$ 的瞬间，$u = -U_m$，则该元件不可能是（　　）。

A. 电阻元件　　　　　B. 电感元件　　　　　C. 电容元件

46. 三相正弦交流电路中，对称三相正弦量具有（　　）。

A. 三个频率相同　　　　　　　　　　　B. 三个幅值相等

C. 三个相位互差120°　　　　　　　　　D. 它们的瞬时值或相量之和等于零

47. 三相正弦交流电路中，对称三角形联结电路具有（　　）。

A. 线电压等于相电压　　　　　　　　　B. 线电压等于相电压的3倍

C. 线电流等于相电流　　　　　　　　　D. 线电流等于相电流的3倍

48. 三相正弦交流电路中，对称三相电路的结构形式有（　　）。

A. Y-△　　　　　　　B. Y-Y　　　　　　　C. △-△　　　　　　　D. △-Y

机械知识模块

一、单项选择题

1. 互换性的零件应是（　　）。

A. 相同规格的零件　　　　　　　　　　B. 不同规格的零件

C. 相互配合的零件　　　　　　　　　　D. 没有要求

2. 摩擦带传动是依靠（　　）来传递运动和功率的。

A. 带与带轮接触面之间的正压力

B. 带的紧边拉力

C. 带与带轮接触面之间的摩擦力

D. 带的松边拉力

3. 由图 2-2-8 中的已知尺寸和其锥度可知 X 应为（　　）。

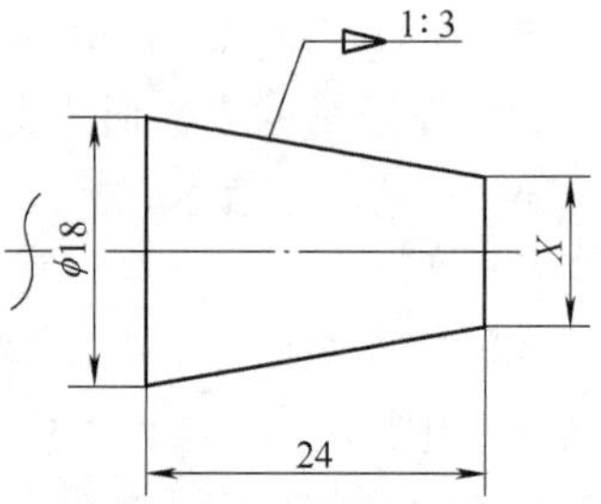

图 2-2-8

A. 10　　　　　　　B. 8　　　　　　　C. ϕ10　　　　　　　D. ϕ8

4. 曲柄摇杆机构的止点位置在（　　）。

A. 原动杆与连杆共线　　　　　　　B. 原动杆与机架共线

C. 从动杆与连杆共线　　　　　　　D. 从动杆与机架共线

5. 配合是指（　　）相同的相互结合的孔、轴公差带之间的关系。

A. 上极限尺寸　　　B. 下极限尺寸　　　C. 公称尺寸　　　D. 实际尺寸

6. 平键连接当采用双键时，两键（　　）应布置。

A. 在周向相隔 90°　　　　　　　　B. 在周向相隔 180°

C. 在周向相隔 120°　　　　　　　　D. 在轴向沿同一直线

7. 滚动轴承与轴颈配合，随轴颈旋转的零件是（　　）。

A. 内圈　　　　　B. 外圈　　　　　C. 滚动体　　　　D. 保持架

8. 电液动换向阀中的电磁阀，应确保电磁阀在中间位置时液动阀两端控制的油路应卸荷，电磁阀的滑阀机能应是（　　）型。

A. M　　　　　　　B. Y　　　　　　　C. K　　　　　　　D. H

9. （　　）是利用行星轮传动原理发展起来的一种新型减速器，是依靠柔性零件产生弹性机械波来传递动力和运动的一种行星轮传动。

A. 蜗轮减速器　　　B. 齿轮减速器　　　C. 蜗杆减速器　　D. 谐波减速器

10. 螺纹副在摩擦系数一定时，螺纹的牙型角越大，则（　　）。

A. 当量摩擦系数越小，自锁性能越好

B. 当量摩擦系数越小，自锁性能越差

C. 当量摩擦系数越大，自锁性能越差

D. 当量摩擦系数越大，自锁性能越好

11. 当键连接强度不足时可采用双键，使用两个平键时要求键（　　）布置。

A. 在同一直线上　　B. 相隔 90°　　　　C. 相隔 120°　　　D. 相隔 180°

12. 普通平键连接强度校核的内容主要是（　　）。

A. 校核键侧面的抗压强度　　　　　B. 校核键的抗剪强度

C. AB 两者均需校核　　　　　　　　D. 校核磨损

13. 选取 V 带型号时，主要取决于（　　）。

A. 带的线速度　　　　　　　　　　B. 带的紧边拉力

C. 带的有效拉力　　　　　　　　　D. 带传递的功率和小带轮转速

14. 为了限制链传动的动载荷，在节距 p 和小链轮齿数 z_1 一定时，应该限制（　　）。

A. 小链轮的转速 n_1　　B. 传动功率 P　　　C. 传递的圆周力

15. 圆柱齿轮传动，当齿轮直径不变，而减小模数时，可以（　　）。

A. 提高轮齿的抗弯强度　　　　　　B. 提高轮齿的接触强度

C. 提高轮齿的静强度　　　　　　　D. 改善传动的平稳性

16. 当转速较低，同时受径向载荷和轴向载荷，要求便于安装时，宜选用（　　）。

A. 深沟球轴承　　　B. 圆锥滚子轴承　　　C. 角接触球轴承

17. 温度升高时，润滑油的黏度（　　）。

A. 随之升高　　　　　　　　　　　B. 保持不变

C. 随之降低　　　　　　　　　　　　　D. 可能升高也可能降低

二、判断题

1. 根据曲柄存在的条件已判定铰接四杆机构中存在曲柄，则此机构是不会成为双摇杆机构的。　　　　　　　　　　　　　　　　　　　　　　　　　　　　　　（　　）

2. 普通平键连接是依靠键的上下两面的摩擦力来传递扭矩的。　　　　　　（　　）

3. 三角形螺纹具有较好的自锁性能。螺纹之间的摩擦力及支承面之间的摩擦力都能阻止螺母的松脱。所以就是在振动及交变载荷作用下，也不需要防松。　　　（　　）

4. 渐开线标准直齿圆柱齿轮传动，由于安装不准确，产生了中心距误差，但其传动比的大小仍保持不变。　　　　　　　　　　　　　　　　　　　　　　　　　（　　）

5. 气动系统中的流量阀是通过改变流通面积来实现流量控制的元件。　　　（　　）

6. 定轴轮系首末两轮转速之比等于组成该轮系的所有从动齿轮齿数连乘积与所有主齿轮齿数连乘积之反比。　　　　　　　　　　　　　　　　　　　　　　　　（　　）

7. 换向阀靠近弹簧一侧的方框（位）为常态。　　　　　　　　　　　　　（　　）

8. 为了防止产生爬行，流量阀应尽量安装在气缸和气马达附近。　　　　　（　　）

9. 渐开线齿轮的齿廓在其基圆以外的部分必然都是渐开线。　　　　　　　（　　）

10. 一台机器可以只含有一个机构，也可以由数个机构组成。　　　　　　（　　）

11. 机器的传动部分是完成机器预定的动作，通常处于整个传动的终端。　（　　）

12. 齿轮的标准压力角和标准模数都在分度圆上。　　　　　　　　　　　（　　）

13. 单个齿轮既有分度圆，又有节圆。　　　　　　　　　　　　　　　　（　　）

14. 斜齿轮具有两种模数，其中以端面模数作为标准模数。　　　　　　　（　　）

三、多项选择题

1. （　　）是用来支撑轴的标准部件。

A. 滚动轴承　　　　B. 齿轮　　　　　　　C. 销　　　　　　　D. 滑动轴承

2. RV 减速器主要由（　　）、针轮、刚性盘和输出盘等结构组成。

A. 齿轮轴　　　　　B. 行星轮　　　　　　C. 曲柄轴　　　　　D. 摆线轮

3. 根据功能，一台完整的机器是由（　　）组成的。

A. 动力系统　　　　B. 执行系统　　　　　C. 传动系统　　　　D. 操作控制系统

4. 轴根据其受载情况可分为（　　）。

A. 心轴　　　　　　B. 转轴　　　　　　　C. 传动轴　　　　　D. 曲柄轴

5. 平键连接可分为（　　）。

A. 普通平键连接　　　　　　　　　　　　B. 导向键连接

C. 滑键连接　　　　　　　　　　　　　　D. 双键连接

6. 滑动轴承的摩擦状态有（　　）。

A. 普通摩擦　　　　B. 干摩擦　　　　　　C. 边界摩擦　　　　D. 完全液体摩擦

机械制图模块

一、单项选择题

1. 图 2-2-9 中正确的断面图是（　　）。

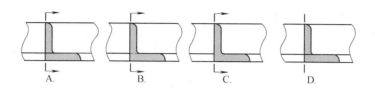

图 2-2-9

2. 半剖视图选用的是（　　）剖切面。

A. 单一　　　　　　　B. 几个平行的　　　　C. 几个相交的　　　D. 其他

3. 局部剖视图选用的是（　　）剖切面。

A. 单一　　　　　　　B. 几个平行的　　　　C. 几个相交的　　　D. 其他

4. 六个基本视图中最常用的是（　　）视图。

A. 主、右、仰　　　　B. 主、俯、左　　　　C. 后、右、仰　　　D. 主、左、仰

5. 六个基本视图的投影规律是"主俯仰后，长对正；（　　），高平齐；俯左仰右，宽相等。"

A. 主俯仰右　　　　　B. 俯左后右　　　　　C. 主左右后　　　　D. 主仰后右

6. 机件向不平行于任何基本投影面的平面投影所得的视图叫作（　　）。

A. 局部视图　　　　　B. 斜视图　　　　　　C. 基本视图　　　　D. 向视图

7. 在半剖视图中半个视图与半个剖视图的分界线用（　　）。

A. 粗实线　　　　　　B. 细实线　　　　　　C. 细点画线　　　　D. 波浪线

8. 在局部剖视图中，视图与剖视部分的分界线用（　　）。

A. 粗实线　　　　　　B. 细实线　　　　　　C. 细点画线　　　　D. 波浪线

9. 在图 2-2-10 所示的 A—A 断面图中，正确的断面图是（　　）。

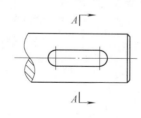

图 2-2-10

10. 在图 2-2-11 中，正确的左视图是（　　　）。

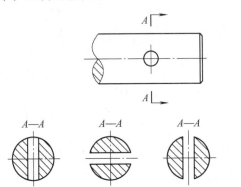

图 2-2-11

11. 在图 2-2-12 中，正确的一组视图是（　　　）。

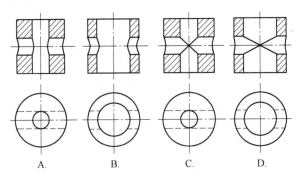

图 2-2-12

12. 图 2-2-13 采用的是（　　　）画法。

A. 简化　　　　　　　　B. 对称　　　　　　　　C. 示意　　　　　　　　D. 省略

13. 图 2-2-14 采用的是（　　　）表达方法。

A. 局部剖视图　　　　　　　　　　　　　B. 局部放大图

C. 局部放大剖视图　　　　　　　　　　　D. 局部剖视放大图

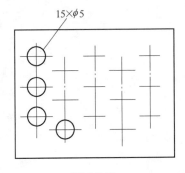

图 2-2-13

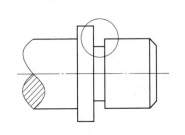

图 2-2-14

14. 图 2-2-15 采用的是（　　　）表示方法。

A. 全剖　　　　　　　B. 局部剖　　　　　　C. 移出剖面　　　　　　D. 重合剖面

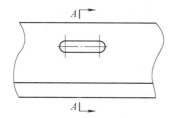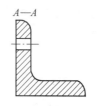

图 2-2-15

15. 在图 2-2-16 中，正确的视图是（　　　）。

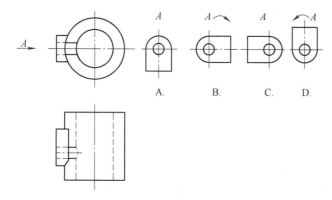

图 2-2-16

16. 在图 2-2-17 中，正确的视图是（　　　）。

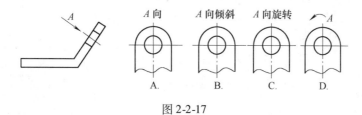

图 2-2-17

17. 在图 2-2-18 中，正确的剖视图是（　　　）。

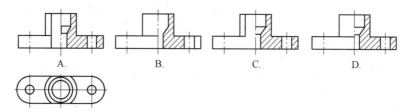

图 2-2-18

18. 在图 2-2-19 中，正确的剖视图是（　　　　）。

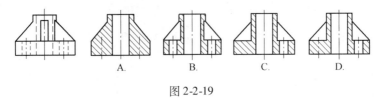

图 2-2-19

19. 在图 2-2-20 中，正确的剖视图是（　　　　）。

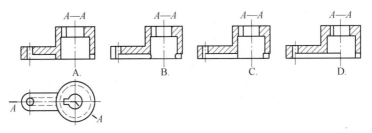

图 2-2-20

20. 在图 2-2-21 中，正确的主视图是（　　　　）。

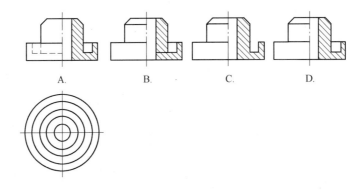

图 2-2-21

21. 在图 2-2-22 中，正确的局部剖视图是（　　　　）。

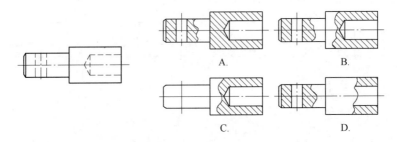

图 2-2-22

22. 在图 2-2-23 中，正确的局部剖视图是（　　　）。

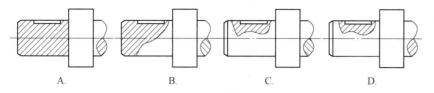

A. 　　　　　B. 　　　　　C. 　　　　　D.

图 2-2-23

23. 在图 2-2-24 中，正确的剖视图是（　　　）。

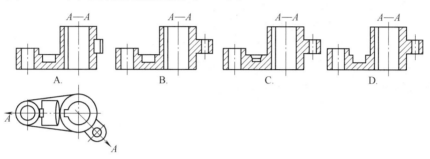

A. 　　　　　B. 　　　　　C. 　　　　　D.

图 2-2-24

24. 在图 2-2-25 中，正确的主视图是（　　　）。

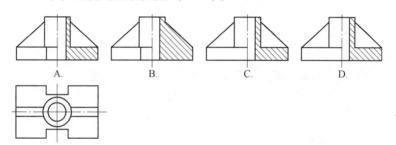

A. 　　　　　B. 　　　　　C. 　　　　　D.

图 2-2-25

25. 在图 2-2-26 中，正确的剖视图是（　　　）。

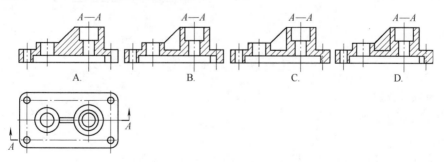

A. 　　　　　B. 　　　　　C. 　　　　　D.

图 2-2-26

二、判断题

1. 用 5∶1 的比例画机件,若图样上该机件长 30mm,则该机件实际长度为 150mm。 （   ）

2. 尺寸应该尽量标注在主视图上。 （   ）

3. 圆的直径一般标注在非圆视图上。 （   ）

4. 机件向不平行于任何基本投影面的平面投影所得的视图叫斜视图。 （   ）

5. 在半剖视图中半个视图与半个剖视图的分界线用粗实线。 （   ）

6. 国家制图标准规定,图纸大小可以随意确定。 （   ）

7. 比例是指图样与实物相应要素的线性尺寸之比。 （   ）

8. 2∶1 是缩小比例。 （   ）

9. 绘制机械图样时,尽量采用 1∶1 的比例。 （   ）

10. 使用圆规画图时,应尽量使钢针和铅笔芯垂直于纸面。 （   ）

11. 丁字尺与三角板随意配合,便可画出 65° 的倾斜线。 （   ）

12. 国家制图标准规定,可见轮廓线用虚线绘制。 （   ）

13. 国家制图标准规定,各种图线的粗细相同。 （   ）

14. 制图标准规定,图样中标注的尺寸数值为工件的最后完成尺寸。 （   ）

15. 图样中书写汉字的字体,应为长仿宋体。 （   ）

16. 画圆的中心线时,其交点可以是点画线的短画。 （   ）

17. 当圆的直径过小时,可以用细实线来代替线点画线。 （   ）

18. 水平线的正面投影与 X 轴平行,水平投影反映线段的真实长度。 （   ）

三、多项选择题

1. 六个基本视图中最常用的是（   ）视图。

A. 主视图　　　　　　　B. 俯视图　　　　　　　C. 左视图　　　　　　　D. 仰视图

2. 图 2-2-27 所示组合体主视图采用半剖视图的原因有（   ）。

A. 内外结构均需表达

B. 主视图左右结构对称

C. 俯视图前后结构对称

D. 左视图前后结构对称

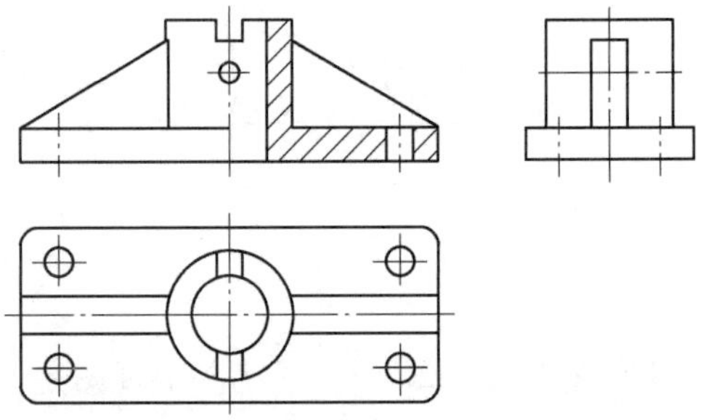

3. 机械制图中基本图幅有 A0、（   ）。

A. A1　　　　　　　　　B. A2

C. A3　　　　　　　　　D. A4

图 2-2-27

工业机器人技术模块

一、单项选择题

1. 自工业机器人诞生以来,（   ）行业一直是其应用的主要领域。

A. 电子　　　　　　　B. 航天　　　　　　　C. 通信　　　　　　　D. 汽车

2. 机器人本体是工业机器人机械主体,是完成各种作业的（   ）。

A. 执行机构　　　　　B. 控制系统　　　　　C. 传输系统　　　　　D. 搬运机构

3. 机器人运动时,每个关节的运动通过驱动装置和（   ）实现。

A. 执行机构　　　　B. 传动机构　　　　C. 步进电动机　　　　D. 控制程序

4. 点位控制下的轨迹规划是在（　　）进行的。

A. 关节坐标空间　　　　　　　　　　B. 矢量坐标空间

C. 直角坐标空间　　　　　　　　　　D. 极坐标空间

5. 喷涂机器人一般采用（　　）驱动，具有动作速度快、防爆性能好等特点。

A. 气动　　　　　　B. 液压　　　　　　C. 电力　　　　　　D. 步进电动机

6. 工业机器人机座有固定式和（　　）两种。

A. 移动式　　　　　B. 行走式　　　　　C. 旋转式　　　　　D. 电动式

7. 无障碍旋转的关节运动，通常用（　　）来标记。

A. R　　　　　　　　B. S　　　　　　　　C. T　　　　　　　　D. W

8. 机器人的手部也称为末端执行器，它是装在机器人的（　　）部上，直接开展抓握工作或执行作业的部件。

A. 臂　　　　　　　　B. 腕　　　　　　　　C. 手　　　　　　　　D. 关节

9. （　　）是工业机器人最常用的一种手部形式。

A. 钩托式　　　　　B. 弹簧式　　　　　C. 气动式　　　　　D. 夹钳式

10. （　　）是利用行星轮传动原理发展起来的一种新型减速器，是依靠柔性零件产生弹性机械波来传递动力和运动的一种行星轮传动。

A. 蜗轮减速器　　　B. 齿轮减速器　　　C. 蜗杆减速器　　　D. 谐波减速器

11. 机器视觉系统是一种（　　）光传感系统，同时集成软硬件，综合现代计算机、光学和电子技术。

A. 非接触式　　　　B. 接触式　　　　　C. 自动控制　　　　D. 智能控制

12. 工业机器人由主体、（　　）和控制系统三个基本部分组成。

A. 机柜　　　　　　B. 驱动系统　　　　C. 计算机　　　　　D. 气动系统

13. （　　）又称为集散控制系统或 DCS 系统。

A. 分散控制系统　　　　　　　　　　B. 离散控制系统

C. 分布式系统　　　　　　　　　　　D. 智能控制系统

14. 目前工业机器人常用编程方法有（　　）和离线编程两种。

A. 示教编程　　　　B. 在线编程　　　　C. 软件编程　　　　D. 计算机编程

15. 动作级编程语言又可以分为（　　）和末端执行器编程两种动作编程。

A. 腕级编程　　　　B. 关节级编程　　　C. 手部级编程　　　D. 本体级编程

16. （　　）是指机器人不进行任何运算，依靠传感器的输入信息能够直接执行机器人下一步任务的能力。

A. 运算　　　　　　B. 控制　　　　　　C. 决策　　　　　　D. 通信

17. 世界上第一种机器人语言是美国斯坦福大学于 1973 年研制的（　　）语言。

A. AL　　　　　　　B. LAMA-S　　　　　C. DIAL　　　　　　D. WAVE

18. 对机器人进行示教时，作为示教人员必须事先接受专门的培训才行。与示教作业人员一起进行作业的监护人员，处在机器人可动范围外时，（　　）可进行共同作业。

A. 不需要事先接受专门的培训　　　　B. 必须事先接受专门的培训

C. 没有事先接受专门的培训也可以　　D. 无所谓

19. 不属于工业机器人子系统的是（　　　）。

A. 驱动系统　　　　　　　　　　　B. 机械结构系统

C. 人机交互系统　　　　　　　　　D. 导航系统

20. 陀螺仪是利用（　　　）原理制作的。

A. 惯性　　　　　B. 光电效应　　　　C. 电磁波　　　　D. 超导

21. 机械结构系统由机身、手臂、手腕和（　　　）四大件组成。

A. 末端执行器　　　　　　　　　　B. 步进电动机

C. 三相直流电动机　　　　　　　　D. 驱动器

22. 当代机器人大军中最主要的机器人为（　　　）。

A. 工业机器人　　　B. 军用机器人　　　C. 服务机器人　　　D. 特种机器人

23. 动力学主要是研究机器人的（　　　）。

A. 动力源是什么　　　　　　　　　B. 运动和时间的关系

C. 动力的传递与转换　　　　　　　D. 动力的应用

24. 一般机器人操作机中，决定姿态的机构是（　　　）。

A. 端拾器　　　B. 基座　　　C. 手臂　　　D. 手腕

25. 通常对机器人进行示教编程时，要求最初程序点与最终程序点的位置（　　　），可提高工作效率。

A. 相同　　　　　　　　　　　　　B. 不同

C. 分离越大越好　　　　　　　　　D. 分离越小越好

26. 对机器人进行示教时，模式旋钮打到示教模式后，在此模式中，外部设备的 I/O 信号（　　　）。

A. 无效　　　B. 有效　　　C. 超前有效　　　D. 滞后有效

27. 对机器人进行示教时，模式旋钮打到示教模式后，在此模式中，外部设备发出的自动启动信号（　　　）。

A. 无效　　　B. 有效　　　C. 超前有效　　　D. 滞后有效

28. 示教编程器上的安全开关握紧时为 ON 状态，松开时为 OFF 状态，作为进而追加的功能，当握紧力过大时，安全开关为（　　　）状态。

A. 不变　　　B. ON　　　C. OFF　　　D. 延时 OFF

29. 传感器的运用使机器人具有了一定的（　　　）能力。

A. 一般　　　B. 重复工作　　　C. 识别判断　　　D. 逻辑思维

30. 工业机器人（　　　）适合夹持圆柱形工件。

A. V 形手指　　　B. 平面指　　　C. 尖指　　　D. 特型指

31. （　　　）型机器人通过沿三个互相垂直的轴线的移动来实现机器人手部空间位置的改变。

A. 直角坐标　　　B. 圆柱坐标　　　C. 极坐标　　　D. 关节

32. 允许机器人手臂各零件之间发生相对运动的机构称为（　　　）。

A. 机座　　　B. 机身　　　C. 手腕　　　D. 关节

33. 机器人的（　　　）是指单关节速度。

A. 工作速度　　　　　　　　　　　B. 运动速度

C. 最大运动速度　　　　　　　　　　D. 最小运动速度

34. 世界上第一台机器人 Unimate 诞生于（　　　）。

A. 1955 年　　　　B. 1987 年　　　　C. 1961 年　　　　D. 1973 年

35. 机器人语言是由（　　　）表示的"0"和"1"组成的字串机器码。

A. 二进制　　　　　B. 十进制　　　　　C. 八进制　　　　　D. 十六进制

36. 机器人逆运动学求解有多种方法，一般分为（　　　）类。

A. 3　　　　　　　　B. 2　　　　　　　　C. 4　　　　　　　　D. 5

37. 在工业机器人速度分析和以后的静力学分析中都将遇到类似的雅可比矩阵，我们称之为工业机器人雅可比矩阵，简称雅可比，一般用符号（　　　）表示。

A. L　　　　　　　　B. P　　　　　　　　C. J　　　　　　　　D. F

38. 不属于触觉传感器的是（　　　）。

A. 接近觉传感器　　　　　　　　　　B. 接触觉传感器

C. 压觉传感器　　　　　　　　　　　D. 热敏电阻

39. 力控制方式的输入量和反馈量是（　　　）。

A. 位置信号　　　　　　　　　　　　B. 力（力矩）信号

C. 速度信号　　　　　　　　　　　　D. 加速度信号

40. 力传感器安装在工业机器人上的位置，通常不会在（　　　）位置。

A. 关节驱动器轴上　　B. 机器人腕部　　C. 手指指尖　　　　D. 机座

41. 用来表征机器人重复定位其手部于同一目标位置的能力的参数是（　　　）。

A. 定位精度　　　　B. 速度　　　　　C. 工作范围　　　　D. 重复定位精度

42. 传感器包括敏感元件、传感元件、（　　　）元件三个功能部件。

A. 辅助　　　　　　B. 控制　　　　　C. 执行　　　　　　D. 测量

43. TP 示教盒的作用不包括（　　　）。

A. 点动机器人　　　　　　　　　　　B. 离线编程

C. 试运行程序　　　　　　　　　　　D. 查阅机器人状态

44. 手腕上的自由度主要起的作用为（　　　）。

A. 支承手部　　　　B. 固定手部　　　C. 弯曲手部　　　　D. 装饰

45. 工业机器人的主电源开关在（　　　）。

A. 机器人本体上　　　　　　　　　　B. 示教器上

C. 控制柜上　　　　　　　　　　　　D. 需外接

46. 在安全角度考虑对机器人进行示教时，示教编程器上手动速度应设置为（　　　）。

A. 高速　　　　　　B. 微动　　　　　C. 低速　　　　　　D. 中速

47. 伺服控制系统一般包括控制器、被控对象、执行环节、比较环节和（　　　）。

A. 换向结构　　　　B. 转换电路　　　C. 存储电路　　　　D. 检测环节

二、判断题

1. RV 减速器传动比范围小，传动效率高。　　　　　　　　　　　　　　（　　　）

2. 机器人控制器是根据指令及传感器信息控制机器人完成一定动作或作业任务的装置。

（　　　）

3. 按是否单独驱动可将关节分为主动关节与从动关节。　　　　　　　　（　　　）

4. 用于支撑和调整手腕和末端执行器位置的部件是末端执行器。　　　　（　　）

5. 医疗机器人定位操作精确，手术微创化，可靠性强。　　　　　　　　（　　）

6. 目前机器人中较为常用的是旋转型光电式编码器。　　　　　　　　　（　　）

7. 声觉传感器主要用于感受和解释在气体、液体或固体中的声波。　　　（　　）

8. 机器视觉可以不断获取多次运动后的图像信息，反馈给运动控制器，直至最终结果准确，实现自适应开环控制。　　　　　　　　　　　　　　　　　　　（　　）

9. 一个自由度施加一定规律的控制作用，机器人就可实现要求的空间轨迹。　（　　）

10. 点式控制系统，机器人准确控制末端执行器的位姿，而与路径无关。　（　　）

11. 动作级编程语言是最高一级的机器人语言。　　　　　　　　　　　　（　　）

12. 机器人的自由度数等于关节数目。　　　　　　　　　　　　　　　　（　　）

13. 结构型传感器与结构材料有关。　　　　　　　　　　　　　　　　　（　　）

14. 交互系统是实现机器人与外部环境中的设备相互联系和协调的系统。　（　　）

15. 工业机器人最早出现在日本。　　　　　　　　　　　　　　　　　　（　　）

16. 工业机器人的额定负载是指在规定范围内末端执行器所能承受的最大负载允许值。

　　　　　　　　　　　　　　　　　　　　　　　　　　　　　　　　　（　　）

17. 任何复杂的运动都可以分解为由多个平移和绕轴转动的简单运动的合成。　（　　）

18. 与超声传感器相比，红外测距的准确度更高。　　　　　　　　　　　（　　）

19. 机械手也可称之为机器人。　　　　　　　　　　　　　　　　　　　（　　）

20. 承载能力是指机器人在工作范围内的任何位姿上所能承受的最大质量。　（　　）

21. 机器人轨迹泛指工业机器人在运动过程中所走过的路径。　　　　　　（　　）

22. 最大工作速度通常指机器人单关节速度。　　　　　　　　　　　　　（　　）

23. 控制系统中涉及传感技术、驱动技术、控制理论和控制算法等。　　　（　　）

24. 三自由度手腕能使手部获得空间任意姿态。　　　　　　　　　　　　（　　）

25. 和人长得很像的机器才能称为机器人。　　　　　　　　　　　　　　（　　）

26. 机器人的自由度数目就是机器人本体上所具有的转轴数目。　　　　　（　　）

27. 一个刚体在空间运动具有 3 个自由度。　　　　　　　　　　　　　　（　　）

28. 电动机上的绝对光轴编码器是用来检测运动加速度的。　　　　　　　（　　）

29. 谐波减速机的名称来源是因为刚轮齿圈上任一点的径向位移呈近似于余弦波形的变化。　　　　　　　　　　　　　　　　　　　　　　　　　　　　　　　　（　　）

30. 关节空间是由全部关节参数构成的。　　　　　　　　　　　　　　　（　　）

31. 手臂解有解的必要条件是串联关节链中的自由度数小于或等于6。　　（　　）

32. TCP 点又称为工具中心点，是为了保证机器人程序和位置的重复执行而引入的。

　　　　　　　　　　　　　　　　　　　　　　　　　　　　　　　　　（　　）

33. 机器人的自由度是根据用途而设计的，可少于6个，也可多于6个。　（　　）

34. 工业机器人的自由度一般是 4～6 个。　　　　　　　　　　　　　　（　　）

35. RR 二自由度手腕实际只是构成单自由度功能。　　　　　　　　　　（　　）

36. 机器人力雅可比矩阵和速度雅可比矩阵不是转置关系。　　　　　　　（　　）

37. 负载的阻抗与能源内部的阻抗一致，称为阻抗匹配。　　　　　　　　（　　）

38. 图像增强是调整图像的色度、亮度、饱和度、对比度和分辨率，使得图像效果清晰

和颜色分明。　　　　　　　　　　　　　　　　　　　　　　　　　（　　）

39. 机器人系统结构通常由四个相互作用的部分组成：机械手、环境、任务和控制器。

　　　　　　　　　　　　　　　　　　　　　　　　　　　　　　　（　　）

40. 示教机器人时先由人驱动操作机，再以示教动作作业，将示教作业程序、位置及其他信息存储起来，然后让机器人重现这些动作。　　　　　　　　　　　　　（　　）

三、多项选择题

1. 工业机器人是一门多学科综合交叉的综合学科，它涉及机械、（　　）等。

　A. 电子　　　　　　B. 运动控制　　　　　C. 传感检测　　　　D. 计算机技术

2. 工业机器人的主要技术参数有：（　　）和重复定位精度、作业范围、运动速度和承载能力。

　A. 自由度　　　　　B. 加速度　　　　　　C. 分辨率　　　　　D. 定位精度

3. 定位精度是指机器人末端执行器的实际位置与目标位置之间的偏差，由（　　）与系统分辨率等部分组成。

　A. 机械误差　　　　B. 控制算法　　　　　C. 随机误差　　　　D. 系统误差

4. 柱面坐标机器人主要用于重物的（　　）等工作。

　A. 装卸　　　　　　B. 分类　　　　　　　C. 搬运　　　　　　D. 检测

5. 工业机器人按作业任务的不同可以分为焊接、（　　）等类型机器人。

　A. 搬运　　　　　　B. 装配　　　　　　　C. 码垛　　　　　　D. 喷涂

6. RV 减速器主要由（　　）、针轮、刚性盘和输出盘等结构组成。

　A. 齿轮轴　　　　　B. 行星轮　　　　　　C. 曲柄轴　　　　　D. 摆线轮

7. 机器人力传感器就安装部位来讲，可以分为（　　）。

　A. 关节力传感器　　　　　　　　　　　　B. 压力传感器

　C. 腕力传感器　　　　　　　　　　　　　D. 指力传感器

8. 工业控制计算机由（　　）等部分组成。

　A. 计算机基本系统　　　　　　　　　　　B. 输出系统

　C. 控制系统　　　　　　　　　　　　　　D. 输入系统

9. 单片机控制系统的设计内容包括（　　）。

　A. 硬件设计　　　　B. 软件设计　　　　　C. 仿真调试　　　　D. 程序编写

10. 步进电动机按其工作原理主要分为（　　）类。

　A. 磁电式　　　　　B. 反应式　　　　　　C. 互感式　　　　　D. 激励式

11. 机器人驱动方式有（　　）。

　A. 手工驱动　　　　B. 电力驱动　　　　　C. 气压驱动　　　　D. 液压驱动

12. 机器人工作空间和（　　）等参数有关。

　A. 自由度　　　　　B. 载荷　　　　　　　C. 速度　　　　　　D. 关节类型

13. 机器人机身和臂部常用的配置形式有（　　）。

　A. 横梁式　　　　　B. 立柱式　　　　　　C. 机座式　　　　　D. 屈伸式

14. 机器人三原则指的是（　　）。

　A. 机器人不应伤害人类

　B. 机器人应遵守人类命令，与第一条违背除外

C. 机器人应保护自己，与第一条相抵触者除外

D. 机器人可以根据自己的意愿行事

15. 六关节机器人手腕的运动包含（   ）。

A. 旋转　　　　　B. 移动　　　　　C. 弯曲　　　　　D. 侧摆

16. 工业机器人具有三大特征（   ）。

A. 拟人功能　　　B. 可编程　　　　C. 通用性　　　　D. 智能性

17. 按几何结构划分机器人可分为（   ）。

A. 串联机器人　　B. 关节机器人　　C. 平面机器人　　D. 并联机器人

18. 机器人控制系统按其控制方式可以分为（   ）。

A. 力控制方式　　B. 轨迹控制方式　C. 位置控制方式　D. 示教控制方式

19. 机器人的精度主要依存于（   ）。

A. 分辨率系统误差　B. 控制算法误差　C. 机械误差　　D. 连杆机构的挠性

20. 机器人的控制方式分为（   ）。

A. 点对点控制　　B. 点到点控制　　C. 连续轨迹控制　D. 点位控制

答 案 部 分

电工基础模块

一、单项选择题

1. C　　2. C　　3. C　　4. A　　5. B　　6. B　　7. B　　8. B　　9. A　　10. D

11. C　　12. C　　13. B　　14. A　　15. A　　16. C　　17. C　　18. B　　19. C　　20. A

21. A　　22. C　　23. A　　24. C　　25. D

二、判断题

1. √　　2. √　　3. ×　　4. ×　　5. √　　6. √　　7. ×　　8. ×　　9. √　　10. ×

11. ×　　12. ×　　13. ×　　14. √　　15. √　　16. √　　17. ×　　18. ×　　19. ×　　20. ×

21. √　　22. √　　23. √　　24. √　　25. √　　26. ×　　27. √　　28. √　　29. √　　30. ×

31. ×　　32. √　　33. √　　34. √　　35. √　　36. √　　37. √　　38. √　　39. √　　40. √

41. ×　　42. √　　43. √　　44. √　　45. √　　46. √　　47. √　　48. √　　49. √　　50. √

51. ×　　52. ×　　53. √

三、多项选择题

1. BD　　2. ABCD　　3. BCD　　4. ACD　　5. AC　　6. CD　　7. ABD　　8. AB

9. AC　　10. AD　　11. AC　　12. BCD　　13. ABC　　14. ABC　　15. ACD　　16. ABC

17. ABC　　18. ABD　　19. ACD　　20. ABC　　21. BCD　　22. ABC　　23. BC　　24. ABD

25. BCD　　26. ABC　　27. ACD　　28. ACD　　29. AC　　30. AD　　31. AB　　32. ABCD

33. BCD　　34. ABC　　35. BD　　36. ACD　　37. AC　　38. ABD　　39. ABC　　40. ABCD

41. BCD　　42. ABC　　43. BCD　　44. ABCD　　45. AB　　46. ABCD　　47. AD　　48. ABCD

机械知识模块

一、单项选择题

1. A　2. C　3. C　4. C　5. C　6. B　7. A　8. D　9. D　10. D

11. D　12. A　13. D　14. A　15. D　16. B　17. C

二、判断题

1. ×　2. ×　3. ×　4. √　5. √　6. ×　7. √　8. √　9. ×　10. √

11. ×　12. √　13. ×　14. ×

三、多项选择题

1. AD　2. ABCD　3. ABCD　4. ABC　5. ABC　6. BCD

机械制图模块

一、单项选择题

1. C　2. A　3. A　4. B　5. C　6. B　7. C　8. D　9. A　10. B

11. C　12. A　13. B　14. C　15. C　16. D　17. C　18. C　19. B　20. D

21. B　22. D　23. C　24. A　25. B

二、判断题

1. √　2. ×　3. √　4. √　5. ×　6. ×　7. ×　8. ×　9. √　10. √

11. ×　12. ×　13. ×　14. √　15. √　16. ×　17. √　18. √

三、多项选择题

1. ABC　2. ABD　3. ABCD

工业机器人技术模块

一、单项选择题

1. D　2. A　3. B　4. A　5. B　6. B　7. A　8. B　9. D　10. D

11. A　12. B　13. A　14. B　15. B　16. C　17. D　18. B　19. D　20. A

21. A　22. A　23. C　24. C　25. A　26. B　27. A　28. C　29. B　30. A

31. A　32. D　33. B　34. C　35. A　36. B　37. C　38. D　39. B　40. D

41. D　42. D　43. B　44. C　45. C　46. C　47. D

二、判断题

1. ×　2. √　3. √　4. ×　5. √　6. √　7. √　8. ×　9. √　10. √

11. ×　12. √　13. ×　14. √　15. ×　16. ×　17. √　18. ×　19. √　20. √

21. ×　22. ×　23. √　24. √　25. ×　26. √　27. ×　28. ×　29. ×　30. √

31. ×　32. √　33. √　34. √　35. √　36. ×　37. √　38. √　39. √　40. √

三、多项选择题

1. ABCD　2. ACD　3. AB　4. AC　5. ABCD　6. ABCD　7. ACD　8. AB

9. ABC　10. AB　11. BCD　12. AD　13. ABCD　14. ABC　15. ACD　16. ABD

17. AD　18. ABD　19. ABC　20. CD

项目三 2016 年全国工业机器人技术应用技能大赛理论知识样题解析

3

一、单项选择题

1. 机械图样中的尺寸以（ ）为单位时，不需注出计量单位的代号或名称。

A. cm   B. mm   C. dm   D. μm

【解析】考察机械制图尺寸标注方法相关知识，图样中的尺寸以 mm 为单位时，不需要标注计量单位的符号或名称，故此题的答案应为 B。

2. 仪表的误差是指仪表的指示值和被测物理量的真实值之间的差异，以下不是它的表现形式的是（ ）。

A. 绝对误差   B. 相对误差   C. 引用误差   D. 实际误差

【解析】考察电工仪表的误差知识，仪表的误差是指仪表的指示值和被测物理量的真实值之间的差异，它有三种表现形式：绝对误差、相对误差和引用误差，故此题的答案应为 D。

3. 互换性的零件应是（ ）。

A. 相同规格的零件   B. 不同规格的零件

C. 相互配合的零件   D. 没有要求

【解析】考察极限与配合知识，在大批量生产中，相同零件必须具有互换性，故此题的答案应为 A。

4. 如图 2-3-1 所示，已知形体的主视图和俯视图，正确的左视图是（ ）。

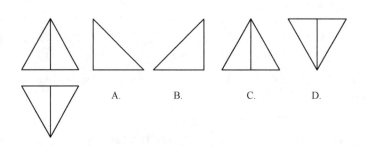

A.   B.   C.   D.

图 2-3-1

【解析】考察三视图相关知识，三个不同视图之间的对应关系，此题的答案应为 A。

5. 使用 MF47 型万用表测量直流电压，正确的方法是（　　）。

A. 黑表笔接被测电压的正极　　　　　B. 红表笔接被测电压的正极

C. 选择开关置交流电压档　　　　　　D. 随意连接

【解析】考察数字式万用表的使用方法，当用万用表测量直流电压时，红表笔接电压正极，故此题的答案应为 B。

6. 摩擦带传动是依靠（　　）来传递运动和功率的。

A. 带与带轮接触面之间的正压力　　　B. 带的紧边拉力

C. 带与带轮接触面之间的摩擦力　　　D. 带的松边拉力

【解析】考察带传动知识，大部分带传动是依靠挠性传送带与带轮之间的摩擦力来传递运动和动力的，故此题的答案应为 C。

7. 由图 2-3-2 中的已知尺寸和其锥度可知 X 应为（　　）。

A. 10　　　　　　　　　　　　　B. 8

C. $\phi10$　　　　　　　　　　　　D. $\phi8$

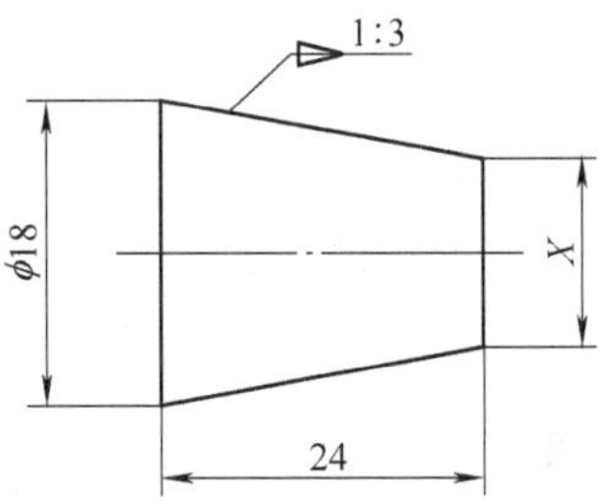

图 2-3-2

【解析】考察锥度的概念，锥度是指圆锥的底圆直径与圆锥高度之比，如果是锥台，则是底圆直径和顶圆直径的差与锥台高度之比，故此题的答案应为 C。

8. 以下颜色不属于相色颜色的是（　　）。

A. 白　　　　　B. 黄　　　　　C. 绿　　　　　D. 黑

【解析】常见电源线相色有黄色、绿色和黑色，没有白色相色，故此题的答案应为 A。

9. 链传动设计中，一般链轮最多齿数限制在 $Z_{max}=120$ 以内，是为了（　　）。

A. 减小链传动的不均匀

B. 限制传动比

C. 减少链节磨损后链从链轮上脱落下来的可能性

D. 保证链轮轮齿的强度

【解析】本题考察链传动知识，此题的答案为 C。

10. 局部视图可用（　　）分界。

A. 粗实线　　　B. 细实线　　　C. 细虚线　　　D. 波浪线

【解析】考察图线的使用，局部视图的分界线使用波浪线进行分界，故此题的答案应为 D。

11. 下面给出的物理量中，不属于电工测量对象的是（　　）。

A. 电功率　　　B. 磁通量　　　C. 流量　　　D. 频率

【解析】由于流量不属于电工测量对象，故此题的答案应为 C。

12. 曲柄摇杆机构的止点位置在（　　）。

A. 原动杆与连杆共线　　　　　B. 原动杆与机架共线

C. 从动杆与连杆共线　　　　　D. 从动杆与机架共线

【解析】考察四连杆机构的基本性质，止点位置是指机构中连杆与从动件共线的位置，故此题的答案应为 C。

13. 配合是指（　　）相同的相互结合的孔、轴公差带之间的关系。

A. 上极限尺寸　　　　　　　　　　B. 下极限尺寸

C. 公称尺寸　　　　　　　　　　　D. 实际尺寸

【解析】考察公差与配合知识，配合是指公称尺寸相同的、相互结合的孔和轴公差带之间的关系，故此题的答案应为 C。

14. 电导的单位是（　　）。

A. R　　　　　　B. C　　　　　　C. L　　　　　　D. G

【解析】考察电导的定义，电导是电阻的倒数，符号为 G，$G = 1/R$，故此题的答案应为 D。

15. 平键连接当采用双键时，两键（　　）应布置。

A. 在周向相隔 90°　　　　　　　　B. 在周向相隔 180°

C. 在周向相隔 120°　　　　　　　 D. 在轴向沿同一直线

【解析】考察键连接知识，当采用双键连接时，两键布置在周向相隔 180°，故此题的答案应为 B。

16. 对于复杂电路的任一节点，在任一瞬间通过该节点的各支路电流的代数和恒等于零，该定律是（　　）。

A. KVL　　　　　　B. KAL　　　　　　C. KIL　　　　　　D. KCL

【解析】考察支路电流法知识，基尔霍夫电流定律（KCL）使用分析方法，故此题答案应为 D。

17. 在文字符号标志的电阻法中，4K5 的阻值是（　　）。

A. 450kΩ　　　　　B. 45kΩ　　　　　C. 4.5kΩ　　　　　D. 4×10^5 kΩ

【解析】考察电阻的文字符号标志知识，故此题的答案应为 C。

18. 电路中若用导线将负载短路，则电路的状态为（　　）。

A. 不变　　　　　　　　　　　　　B. 等于零

C. 很大的短路电流　　　　　　　　D. 略有减少

【解析】考察电路知识，当用导线将负载短路，则电路处于短路状态，产生较大的短路电流，故此题的答案应为 C。

19. 有人为了减少变压器铁心的磁滞损耗和涡流损耗而将铁心抽去，这样做的结果是（　　）。

A. 绕组烧毁　　　　　　　　　　　B. 变压器的工作情况无变化

C. 输出电压减小　　　　　　　　　D. 达到预期效果

【解析】考察变压器相关知识，变压器铁心是变压器重要的磁路组成单元，如果没有铁心，则变压器不能实现变压功能，故此题的答案应为 C。

20. 降压变压器的电压比（　　）。

A. $K > 1$　　　　B. $K < 1$　　　　C. $K = 1$　　　　D. 不确定

【解析】考察变压器电压比的定义，电压比是指输入电压与输出电压之比，顾名思义，降压变压器是指输出电压小于输入电压，反映在电压比则有 $K > 1$，故此题的答案应为 A。

21. RLC 串联的正弦呈感性时，总电压与电流之间的相位差是（　　）。

A. $\varphi > 0$ B. $\varphi < 0$ C. $\varphi = 0$ D. 任意值

【解析】考察交流电路的工作特性，当 RLC 电路处于感性状态时，电路中电压超前于电流，阻抗角大于零，故此题的答案应为 A。

22. 在纯电容电路中，下列关系正确的是（　　）。

A. $I = \dfrac{U}{\omega C}$ B. $I = U\omega C$ C. $I_{\mathrm{m}} = \dfrac{U_{\mathrm{m}}}{\omega C}$ D. $i = \dfrac{U}{XX}$

【解析】考察电容元件与电压电流的关系，容抗 $X_{\mathrm{C}} = 1/W_{\mathrm{C}}$，故此题的答案应为 B。

23. 电气设备铭牌上所标出的电压和电流值都是指（　　）。

A. 最大值 B. 有效值 C. 瞬时值 D. 平均值

【解析】考察电气设备铭牌数据识别知识，电气设备铭牌上所标出的电压、电流值都是指有效值，故此题的答案应为 B。

24. 滚动轴承与轴颈配合，随轴颈旋转的零件是（　　）。

A. 内圈 B. 外圈 C. 滚动体 D. 保持架

【解析】考察滚动轴承和轴的组合使用，滚动轴承与轴配合，随轴转动的零件是滚动轴承内圈，故此题的答案应为 A。

25. 电液动换向阀中的电磁阀，应确保电磁阀在中间位置时液动阀两端控制的油路应卸荷，电磁阀的滑阀机能应是（　　）型。

A. M B. Y C. K D. H

【解析】考察电液动换向阀的工作原理，故此题的答案应为 D。

26. 自工业机器人诞生以来，（　　）行业一直是其应用的主要领域。

A. 电子 B. 航天 C. 通信 D. 汽车

【解析】考察工业机器人的诞生和发展历史，故此题的答案应为 D。

27. 机器人本体是工业机器人机械主体，是完成各种作业的（　　）。

A. 执行机构 B. 控制系统 C. 传输系统 D. 搬运机构

【解析】考察工业机器人本体的结构组成及其作用，故此题的答案应为 A。

28. 机器人运动时，每个关节的运动通过驱动装置和（　　）实现。

A. 执行机构 B. 传动机构 C. 步进电动机 D. 控制程序

【解析】考察工业机器人运动的传递过程，故此题的答案应为 B。

29. 工业机器人的分辨率分编程分辨率和（　　）分辨率两种。

A. 执行 B. 动作 C. 运动 D. 控制

【解析】考察工业机器人控制系统知识。机器人的分辨率是由系统设计参数所决定，并受到位置反馈检测单元性能的影响，分辨率分为编程分辨率和控制分辨率。当编程分辨率与控制分辨率相等时，系统性能达到最高，上述两个分辨率统称为系统分辨率，故此题的答案应为 D。

30. 机器人的运动学可用一个（　　）来建模，此链由数个刚体以驱动器驱动的转动或移动节串联而成。

A. 闭环关节链 B. 开环关节链 C. 闭环腕链 D. 开环腕链

【解析】考察工业机器人运动学相关知识。机器人是由一系列关节连接起来的连杆所组成的，其运动学可用一个开环关节链来进行建模，故此题的答案应为 B。

31. 点位控制下的轨迹规划是在（　　　）进行的。

A. 关节坐标空间　　　　　　　　　　B. 矢量坐标空间

C. 直角坐标空间　　　　　　　　　　D. 极坐标空间

【解析】考察工业机器人轨迹规划与编程相关知识，点位控制下的轨迹规划是在关节空间中工业机器人运动的轨迹规划和轨迹生成方法，故此题的答案应为 A。

32. 喷涂机器人一般采用（　　　）驱动，具有动作速度快、防爆性能好等特点。

A. 气动　　　　　B. 液压　　　　　C. 电力　　　　　D. 步进电动机

【解析】考察不同应用场合工业机器人驱动方式的选择，喷涂机器人需要满足功率大、响应快，还要具有一定的防爆性能，液压驱动的特点是功率大、结构简单、响应快，因此，选择液压驱动方式能够较好地满足要求，故此题的答案应为 B。

33. 工业机器人机座有固定式和（　　　）两种。

A. 移动式　　　　B. 行走式　　　　C. 旋转式　　　　D. 电动式

【解析】考察工业机器人基座知识。工业机器人必须有一个便于安装的基础部件，即机器人的基座，基座必须具有足够的刚度和稳定性，主要有固定式和移动式两种，故此题的答案应为 A。

34. 无障碍旋转的关节运动，通常用（　　　）来标记。

A. R　　　　　　B. S　　　　　　C. T　　　　　　D. W

【解析】考察机器人本体结构知识，无障碍旋转的关节运动，通常用 R 来标记，故此题的答案应为 A。

35. 机器人的手部也称为末端执行器，它是安装在机器人的（　　　）部上，直接抓握工件或执行作业的部件。

A. 臂　　　　　　B. 腕　　　　　　C. 手　　　　　　D. 关节

【解析】考察工业机器人机械系统设计知识。工业机器人的手部是装在工业机器人手腕上直接抓握工件或执行作业的部件，故此题的答案应为 B。

36. （　　　）是工业机器人最常用的一种手部形式。

A. 钩托式　　　　B. 弹簧式　　　　C. 气动式　　　　D. 夹钳式

【解析】考察工业机器人手部的分类知识。夹钳式手部结构是目前应用比较广泛的一种，故此题的答案应为 D。

37. （　　　）是利用行星轮传动原理发展起来的一种新型减速器，是依靠柔性零件产生弹性机械波来传递动力和运动的一种行星轮传动。

A. 蜗轮减速器　　B. 齿轮减速器　　C. 蜗杆减速器　　D. 谐波减速器

【解析】考察谐波减速器的工作原理，故此题的答案应为 D。

38. 气动动力系统是利用气动压力驱动工业机器人运动的系统，一般由（　　　）和控制阀组成。

A. 气缸　　　　　B. 活塞　　　　　C. 连杆　　　　　D. 电路

【解析】考察工业机器人气动驱动方式，故此题的答案应为 B。

39. 工业机器人的动力系统包括动力装置和（　　　）两大部分。

A. 执行机构　　　B. 控制装置　　　C. 传动机构　　　D. 连接机构

【解析】考察工业机器人动力系统组成，故此题的答案应为 C。

40. 通常把分水滤气器、油雾器和（　　）做成组装式结构，称为气三联件。

A. 压力表　　　　　B. 气压计　　　　　C. 气动阀　　　　　D. 调压器

【解析】考察工业机器人气压驱动知识。气三联件由分水滤气器、油雾器和调压器组成，故此题的答案应为 D。

41. 机器视觉系统是一种（　　）的光传感系统，同时集成软硬件，综合现代计算机、光学、电子技术。

A. 非接触式　　　　B. 接触式　　　　　C. 自动控制　　　　D. 智能控制

【解析】考察工业机器人视觉技术相关知识。机器视觉的定义是通过光学的装置和非接触的传感器自动地接收和处理一个真实事物的图像，以获得所需信息或用于控制机器人的运动，故此题的答案应为 A。

42. 工业机器人由主体、（　　）和控制系统三个基本部分组成。

A. 机柜　　　　　　B. 驱动系统　　　　C. 计算机　　　　　D. 气动系统

【解析】考察工业机器人基本组成部分，故此题的答案应为 B。

43. （　　）又称为集散控制系统或 DCS 系统。

A. 分散控制系统　　　　　　　　　　B. 离散控制系统

C. 分布式系统　　　　　　　　　　　D. 智能控制系统

【解析】考察 DCS 系统知识。DCS 是分布式控制系统的英文缩写（Distributed Control System），在国内自动控制行业又称之为集散控制系统，故此题的答案应为 A。

44. 目前工业机器人常用编程方法有（　　）和离线编程两种。

A. 示教编程　　　　B. 在线编程　　　　C. 软件编程　　　　D. 计算机编程

【解析】考察工业机器人常用编程方法。示教编程是一项成熟的技术，它是目前大多数工业机器人的编程方式，它分为在线编程和离线编程两种。离线编程是在专门的软件环境支持下，用专用或通用程序在离线情况下进行机器人轨迹规划编程的一种方法，故此题的答案应为 B。

45. 动作级编程语言又可以（　　）和末端执行器编程两种动作编程。

A. 腕级编程　　　　B. 关节级编程　　　C. 手部级编程　　　D. 本体级编程

【解析】考察机器人语言的分类。根据作业描述水平的高低，机器人语言通常可以分为动作级、对象级和任务级，动作级语言又可以分为关节级编程和末端执行器编程两种，故此题的答案应为 B。

46. （　　）是指机器人不进行任何运算，依靠传感器的输入信息能够直接执行机器人下一步任务的能力。

A．运算　　　　　　B. 控制　　　　　　C. 决策　　　　　　D. 通信

【解析】考察机器人决策控制相关知识，故此题的答案应为 C。

47. 世界上第一种机器人语言是美国斯坦福大学于 1973 年研制的（　　）语言。

A. AL　　　　　　　B. LAMA-S　　　　C. DIAL　　　　　　D. WAVE

【解析】考察机器人的发展历史知识，故此题的答案应为 D。

48. AL 语言格式，程序从（　　），由 END 结束。

A. BEGIN　　　　　B. FOR　　　　　　C. MOVE　　　　　　D. FRAME

【解析】考察机器人 AL 语言的具体使用方法，故此题的答案应为 A。

49. （　　）语言结构与 BASIC 语言结构很类似，是基于 BASIC 语言发展起来的一种机器人语言。

　　A. LM　　　　　　B. PAPID　　　　　C. KUKA　　　　　D. VAL

【解析】考察机器人 VAL 语言知识，故此题的答案应为 D。

50. 在安全角度考虑对机器人进行示教时，示教编程器上手动速度应设置为（　　）。

　　A. 高速　　　　　B. 微动　　　　　C. 低速　　　　　D. 中速

【解析】示教编程器上手动速度分为微动、低速、中速、高速四种。在考虑安全角度时手动速度最好设置微低速，故此题的正确答案应为 C。

二、多项选择题

1. （　　）是用来支撑轴的标准部件。

　　A. 滚动轴承　　　B. 齿轮　　　　　C. 销　　　　　　D. 滑动轴承

【解析】考察轴承相关知识。轴承是机器中用来支撑轴和轴上零件的重要零部件，根据轴承运动副的摩擦性质，轴承可以分为滚动轴承和滑动轴承，故此题的答案应为 AD。

2. 装配图中的尺寸类型有（　　）。

　　A．性能尺寸　　　B. 装配尺寸　　　C. 安装尺寸　　　D. 外形尺寸

【解析】考察装配图的尺寸标注和技术要求。装配图不需要像零件图那样标注出所有尺寸，只需标注出与装配体性能、装配、安装、外形等重要尺寸，故此题的答案应为 ABCD。

3. 正弦交流电的三要素是（　　）。

　　A. 振幅　　　　　B. 初相位　　　　C. 相位差　　　　D. 角频率

【解析】考察正弦交流电三要素：振幅、初相位、角频率，故此题的答案应为 ABD。

4. 示波器测量信号的基本步骤（　　）。

　　A. 信号测量　　　B. 倍率调节　　　C. 基本调节　　　D. 显示校准

【解析】考察示波器的使用方法，故此题的答案应为 ACD。

5. 在三相异步电动机的继电接触器控制电路中，起短路保护的电器是（　　）。

　　A. 热继电器　　　B. 交流接触器　　C. 熔断器　　　　D. 交流互感器

【解析】考察三相异步电动机控制电路短路保护知识。热继电器在电路过载时控制电路断开，实现电动机的过载保护。交流接触器控制交流电动机电路远距离接通和分断、频繁起动。熔断器当电流超过规定值时，以本身产生的热量使熔体熔断，断开电路的一种电器，是一种电流保护器。交流互感器是测量电流大小时使用，故此题的答案应为 AC。

6. 电磁测量的常用方法有（　　）。

　　A. 直接测量法　　B. 间接测量法　　C. 差值测量法　　D. 替代测量法

【解析】考察电磁测量的常用方法，故此题的答案应为 ABCD。

7. 三相异步电动机根据绝缘等级可以分为（　　）。

　　A. E 级　　　　　B. B 级　　　　　C. F 级　　　　　D. H 级

【解析】考察三相异步电动机的绝缘等级分类。电动机的绝缘等级是指其所用绝缘材料的耐热等级，按照温度大小排列分别为：E、B、F、H。它们的允许工作温度分别为 120℃、130℃、155℃、180℃，故此题的答案应为 ABCD。

8. 在液压系统中，以下液压元件可以作为执行元件有（　　）。

　　A. 液压缸　　　　B. 液压马达　　　C. 液压泵　　　　D. 液压油

【解析】考察液压系统组成与执行元件相关知识。液压缸与液压马达可以作为液压系统的执行元件，液压泵是液压系统的动力元件，液压油是液压系统的动力传输介质，故此题的答案应为 AB。

9. 在气动系统中用来控制调节压缩空气的（　　）的元件被称为气动控制元件。

A. 压力　　　　　　B. 流量　　　　　　C. 方向　　　　　　D. 体积

【解析】考察气动系统气动控制元件功能，故此题的答案应为 ABC。

10. 带传动与普通机械传动相比，具有的特点是（　　）。

A. 能缓和载荷冲击　　　　　　　　B. 使用寿命长

C. 传动中心距大　　　　　　　　　D. 传动比恒定

【解析】考察带传动特性，故此题的答案应为 AB。

11. 工业机器人是一门多学科综合交叉的综合学科，它涉及机械、（　　）等。

A. 电子　　　　B. 运动控制　　　　C. 传感检测　　　　D. 计算机技术

【解析】考察工业机器人学科的特点，故此题的答案应为 ABCD。

12. 工业机器人的主要技术参数有（　　）和重复定位精度、作业范围、运动速度和承载能力。

A. 自由度　　　　B. 加速度　　　　C. 分辨率　　　　D. 定位精度

【解析】考察工业机器人的主要技术参数类型，故此题的答案应为 ACD。

13. 定位精度是指机器人末端执行器的实际位置与目标位置之间的偏差，由（　　）与系统分辨率等部分组成。

A. 机械误差　　　B. 控制算法　　　C. 随机误差　　　D. 系统误差

【解析】考察机器人的定位精度知识，故此题的答案应为 AB。

14. 柱面坐标机器人主要用于重物的（　　）等工作。

A. 装卸　　　　　　B. 分类　　　　　　C. 搬运　　　　　　D. 检测

【解析】考察柱面坐标机器人的应用特点，故此题的答案应为 AC。

15. 工业机器人按作业任务的不同可以分为焊接、（　　）等类型机器人。

A. 搬运　　　　　　B. 装配　　　　　　C. 码垛　　　　　　D. 喷涂

【解析】考察工业机器人的分类，故此题的答案应为 ABCD。

16. RV 减速器主要由（　　）、针轮、刚性盘和输出盘等结构组成。

A. 齿轮轴　　　　　B. 行星轮　　　　　C. 曲柄轴　　　　　D. 摆线轮

【解析】考察 RV 减速器的结构组成，故此题的答案应为 ABCD。

17. 机器人力传感器就安装部位来讲，可以分为（　　）。

A. 关节力传感器　　　　　　　　　B. 压力传感器

C. 腕力传感器　　　　　　　　　　D. 指力传感器

【解析】考察机器人力传感器分类知识，故此题的答案应为 ACD。

18. 在线编程系统，通过人的示教来完成操作信息的记忆过程编程方式，包括（　　）。

A. 间接示教　　B. 直接示教　　C. 模拟示教　　　D. 示教器示教

【解析】考察机器人在线编程方式分类知识，故此题的答案应为 BCD。

19. 控制总线采用国际标准总线作为控制系统的控制总线，如（　　）。

A. VME-bus　　　　B. Multi-bus　　　　C. STD-bus　　　　D. PC-bus

【解析】考察机器人控制总线知识，故此题的答案应为 ABCD。

20. 机器人语言的基本功能包括（　　　）以及传感器数据数据处理等。

A. 运算　　　　　　　B. 决策　　　　　　　C. 通信　　　　　　　D. 工具指令

【解析】考察机器人语言的基本功能，故此题的答案应为 ABCD。

三、判断题

1. 零件上的重要尺寸必须直接注出。　　　　　　　　　　　　　　　（　　　）

【解析】考察零件图的尺寸标注。零件上的重要尺寸必须直接注出，故此题答案正确。

2. 表面结构代号在图样上标注时，符号从材料内指向并接触表面。　（　　　）

【解析】考察表面结构表示方法。表面结构代号在图样上标注时，符号从材料外指向并接触表面，故此题答案不正确。

3. 车螺纹和磨削时，常在待加工面的轴间处先车出退刀槽或越程槽。（　　　）

【解析】在切削加工，特别是在车螺纹和磨削时，为便于退出刀具或使砂轮可稍微越过加工面，常在待加工面的末端先车出退刀槽或砂轮越程槽，故此题答案正确。

4. 凡是零件上有配合要求或有相对运动的表面，其表面粗糙度参数值就要大。（　　　）

【解析】一般说来，凡零件上有配合要求或有相对运动的表面，表面粗糙度参数值小，故此题答案不正确。

5. 电路由一种稳态过渡到另一种稳态所经历的过程称过渡过程，也叫"暂态"。（　　　）

【解析】考察动态电路的工作特性。在含有电容、电感这种储能元件的电路中，当发生电路的通断、激励或参数发生突变等情况时，电路的响应并不是立刻进入稳定状态，而是需要经历一个变化过程，故此题答案正确。

6. 电路通常由电源、负载和中间环节构成。　　　　　　　　　　　（　　　）

【解析】考察电路的组成。一个完整的电路由电源、负载、导线和中间环节按一定方式组合而成，故此题答案不正确。

7. 电路中电流的方向是指电路中自由电子运动的方向。　　　　　　（　　　）

【解析】考察电路电流方向的判定。电路中电流的实际方向与正电荷移动方向一致，因电子本身带负电，因此，电流的实际方向与电子的运动方向相反，故此题答案不正确。

8. 变压器的损耗约大，其效率越低。　　　　　　　　　　　　　　（　　　）

【解析】考察变压器效率知识。变压器效率越高，则损耗越低；反之，变压器的损耗越大，则效率越低，故此题答案正确。

9. 指针式万用表的基本测量机构实际上就是电流表。　　　　　　　（　　　）

【解析】考察指针式万用表的工作原理。指针万用表是一种磁电式仪表，表头指针的偏转大小反映的是流经仪表的电流大小，故此题答案正确。

10. 电路中任何一闭合的路径称为回路。　　　　　　　　　　　　　（　　　）

【解析】考察电路分析相关知识。电路中任何一闭合的路径称为回路，故此题答案正确。

11. 叠加定理适用于任何回路。　　　　　　　　　　　　　　　　　（　　　）

【解析】叠加原理适用于任何线性系统，但是叠加原理不适用于功率计算，故此题答案不正确。

12. 电路中有电压存在一定有电流，有电流流过一定有电压。　　　　（　　　）

【解析】考察电路中电压和电流的关系。电路中有电流一定有电压，因为电压时电流产生的原因，而有电压不一定有电流，还要考虑电路是否被接通等因素，故此题答案不正确。

13. 理想的电压源和理想的电流源不能做能效变化。 （ ）

【解析】考察理想电压源与理想电流源相关知识。电压源跟电流源等效变换必须是实际电源的模型，即有内阻存在。对外电路来说，电阻串联电压源与电阻并联电流源提供的外特性是相同的，但电压源跟电流源内部是不等效的，故此题答案正确。

14. 交流用电设备分为单相、两相和三相三大类。 （ ）

【解析】考察交流电使用知识，故此题答案不正确。

15. 在带传动中，水平或接近水平的传动，常把松边放在上边。 （ ）

【解析】考察带传动相关知识，故此题答案不正确。

16. 气动系统中的流量阀，是通过改变流通面积来实现流量控制的元件。 （ ）

【解析】考察流量阀的工作原理。控制压缩空气流量的阀称为流量阀，通过改变阀的流通面积实现流量控制，故此题答案正确。

17. 定轴轮系首末两轮转速之比等于组成该轮系的所有从动齿轮齿数连乘积与所有主动齿轮齿数连乘积之反比。 （ ）

【解析】考察定轴轮系传动相关知识。定轴轮系首末两轮转速之比等于组成该轮系的所有从动齿轮齿数连乘积与所有主动齿轮齿数连乘积成正比，故此题答案不正确。

18. 换向阀靠近弹簧一侧的方框（位）为常态。 （ ）

【解析】考察液压控制元件换向阀相关知识。三位阀的中位、二位阀靠近弹簧的一侧为常态位，故此题答案正确。

19. 为了防止产生爬行，流量阀应尽量安装在气缸和气马达附近。 （ ）

【解析】为防止产生爬行，提高运动平稳性，使用气动流量阀调速时应注意，流量阀应尽量安装在气缸或气马达附近，故此题答案正确。

20. 渐开线齿轮的齿廓在其基圆以外的部分必然都是渐开线。 （ ）

【解析】考察渐开线齿轮齿廓形状相关知识。渐开线齿轮的齿廓曲线的形状取决于基圆大小和变位系数大小，故此题答案不正确。

21. 工业机器人具有从事各种工作的通用性能。 （ ）

【解析】考察工业机器人功能知识，故此题答案正确。

22. 关节型机器人的机械臂是由若干个电动机构连接在一起的集合体。 （ ）

【解析】考察机器人机械臂设计知识。关节型机器人的机械臂除了电动机构，还有减速器等其他组成机构，故此题答案不正确。

23. 当机器人某关节电动机转动 0.1°时，机器人关节端点移动直线距离为 0.1mm，其基准分辨率即为 0.1mm。 （ ）

【解析】考察机器人控制编程分辨率相关知识。编程分辨率是指程序中可以设定的最小距离单位，又称为基准分辨率。移动直线距离是指机器人手臂尖端点移动的直线距离，故此题答案不正确。

24. 典型的工业机器人定位精度一般在 ± （0.02 ～0.5）mm范围。 （ ）

【解析】考察工业机器人定位精度相关知识。典型的工业机器人定位精度一般在

±（0.05～0.1）mm范围，故此题答案不正确。

25. 作业范围的大小与机器人各连杆的尺寸无关，与机器人的总体结构形式有关。（　　）

【解析】作业范围的大小不仅与机器人的总体结构形式有关，而且与机器人各连杆的尺寸有关，故此题答案不正确。

26. 固定机器人的安装方法分为间接地面安装、台架安装和底板安装三种形式。（　　）

【解析】考察固定机器人的安装方法。固定机器人的安装方法分为直接地面安装、台架安装和地板安装三种形式，故此题答案不正确。

27. 多数机器人将腕部结构的驱动部分安排在大臂上。（　　）

【解析】考察机器人腕部结构的安装。多数机器人将腕部结构的驱动部分安排在小臂上，故此题答案不正确。

28. 主动柔顺是利用传感器反馈的信息来控制手爪的运动，以补偿其位姿误差。（　　）

【解析】考察机器人的主动柔顺控制。机器人利用力的反馈信息采用一定的控制策略去主动控制力称为主动柔顺，故此题答案正确。

29. RV 减速器的传动比范围小，但传动效率高。（　　）

【解析】考察 RV 减速器传动特点相关知识。RV 减速器传动比大，传动效率高，故此题答案不正确。

30. 液压驱动的特点是动力大，力或力矩惯性比大，响应快速，易于实现直接驱动等。

（　　）

【解析】考察液压驱动的特点，此题答案正确。

31. 气动动力系统可直接使用压缩空气站的气源，使用的气体压力为 0.5～1MPa。（　　）

【解析】考察气动系统动力源知识。压缩空气站的气源不能直接使用，还需要经过空气过滤器、减压阀、油雾器等处理后使用，故此题答案不正确。

32. 机器人的液压系统的油液工作压力一般为 7～14MPa。（　　）

【解析】考察机器人液压系统相关知识，此题答案正确。

33. 位置控制的根本任务就是使执行机构对位置指令进行精确跟踪。（　　）

【解析】考察位置控制模式相关知识。位置控制模式下的运转位置控制的根本任务就是使执行机构对位置指令的精确跟踪，故此题答案正确。

34. 机器人感知系统通常由一种传感器或视觉系统组成。（　　）

【解析】考察机器人感知相关知识。机器人感知系统通常由多种传感器构成，测量环境中不同的物理量，故此题答案不正确。

35. 目前机器人中较为常用的是旋转型光电式编码器。（　　）

【解析】考察机器人位移测量方法。目前机器人位移测量中较为常用的是旋转型光电式编码器，故此题答案正确。

36. 声觉传感器主要用于感受和解释在气体、液体或固体中的声波。（　　）

【解析】考察声觉传感器用途，此题答案正确。

37. 机器视觉可以不断获取多次运动后的图像信息，反馈给运动控制器，直至最终结果准确，实现自适应开环控制。

（　　）

【解析】考察开环控制和闭环控制知识。通过接收反馈信号实现自适应控制的控制方法是闭环控制，故此题答案不正确。

38. 一个自由度施加一定规律的控制作用，机器人就可实现要求的空间轨迹。 （ ）

【解析】考察工业机器人程序控制系统知识，此题答案正确。

39. 对于点式控制系统，机器人能够准确控制末端执行器的位姿，而与路径无关。 （ ）

【解析】考察机器人点式控制系统知识，故此题答案正确。

40. 动作级编程语言是最高一级的机器人语言。 （ ）

【解析】考察工业机器人编程语言相关知识。动作级编程语言是最低一级的机器人语言，故此题答案不正确。

第三篇

操作技能篇

　　本篇以全国工业机器人技术应用技能大赛平台各模块功能为单位，以任务引领的方式讲解各模块的使用与调试，最终各模块协同完成大赛规定项目，指导参赛选手顺利完成技能操作。

项目一　认识 DLDS-1508 工业机器人技术应用实训系统

任务一　认识 DLDS-1508 工业机器人硬件系统组成

📖 **任务描述**

图 3-1-1 所示为 DLDS-1508 工业机器人技术应用平台，该综合实训平台涉及四轴、六轴工业机器人技术、视觉识别技术、伺服驱动技术、传感器技术、通信技术、机械装配技术、PLC 控制技术和人机交互技术等多项技术，配合技能竞技更能够提高对工业机器人技术应用的学习和研究。

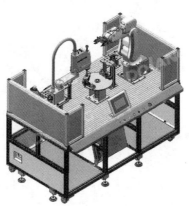

图 3-1-1　DLDS-1508 工业机器人技术应用平台

👣 **任务目标**

1. 认识四轴、六轴工业机器人本体及其运动范围。
2. 认识机器人视觉识别系统及结构。
3. 认识装配托盘本体及运动范围。
4. 认识原料、成品及废品的仓储。

任务准备

一、设备概述

DLDS-1508 工业机器人技术应用实训系统由实训台、零件库、SCARA 四轴工业机器人单元、环形装配检测机构、六轴工业机器人装配分拣单元、视觉检测单元、对射光幕装置、成品库、装配桌、电脑桌及设备资源包组成。

二、技术参数

（1）输入电源　单相三线，AC 220V±22V，50Hz，4kW。

（2）工作环境　温度 – 10 ~ 40℃，相对湿度小于 85%（25℃），无水珠凝结海拔低于 4000m。

（3）输出电源　直流稳压电源 24V/3A。

（4）设备尺寸　1700mm×1000mm×1600mm。

（5）安全保护功能　急停按钮，漏电保护，安全光幕。

（6）PLC　汇川 H3U-1616MR-XP 型。

（7）触摸屏　汇川 7in（IT6070E 型）。

（8）伺服　汇川（IS620PS2R8I-RAB-C 型）。

（9）六关节工业机器人（ER3-C60 型）　其技术数据见表 3-1-1。

（10）SCARA 工业机器人（IRCB10-A4SH2-4111）　其技术数据见表 3-1-2。

表 3-1-1　ER3-C60 型六关节工业机器人的技术数据

型号		ER3-C60	型号	ER3-C60
动作类型		多关节型	最大活动半径	630mm
控制轴		6 轴	手部最大负载	3kg
放置方式		任意角度		
最大动作速度	J1 轴	230°/s	五轴允许最大转矩	5.5N·m
	J2 轴	230°/s	六轴允许最大转矩	4.6N·m
	J3 轴	250°/s		
	J4 轴	320°/s	重复精度	±0.02mm
	J5 轴	320°/s		
	J6 轴	420°/s	机器人底座尺寸	180mm×180mm
最大动作范围	J1 轴	±167°	机器人高度	702mm
	J2 轴	+90°/ – 130°		
	J3 轴	+105°/ – 75°	环境温度	0 ~ 40°C
	J4 轴	±180°	相对湿度	40% ~ 90%（40°C）
	J5 轴	±110°		
	J6 轴	±360°	大气压力	86 ~ 106kPa

表 3-1-2 IRCB10-A4SH2-4111SCARA 工业机器人的技术数据

项　目		参　数
控制系统		IMC100
负载	额定值	2.0kg
	最大值	5.0kg
重复定位精度	J1 + J2	±0.01mm
	J3	±0.01mm
	J4	±0.005mm
标准循环时间		0.42s
最大运动速度	J1 + J2	5420mm/s
	J3	800mm/s
	J4	2000°/s
最大运动范围	J1	±127°
	J2	±142°
	J3	120/150mm
	J4	±360°
第3关节下压力		暂无
第4关节允许的装载转动惯量	额定值	0.0055kg·m²
	最大值	0.055kg·m²
用户接口	电力线路	15 线
	空气线路	$\phi 4 \times 1$，$\phi 6 \times 2$
本体配置	臂长（J1 + J2）	225mm + 175mm = 400mm
	安装方式	台面安装
	安装孔尺寸	120mm × 120mm/120mm × 135mm
	Z轴直径	$\phi 16$
	本体重量	14kg
	清洁度	ISO 4 级
	线缆	标准
电动机功率	J1	400W
	J2	100W
	J3	100W
	J4	100W
接口配置	视觉接口	TCP/IP 协议、ModbusTCP
	模块扩展	本地高速高精度扩展模块 IO、AD、DA、编码器等的需求，高速、高精度、高可靠
	外部点控制	
	PC 软件接口	
	IO 支持	本地 IO/远程 IO（支持分布式扩展）

（续）

项　　目		参　　数
开发平台	编程方式	支持 IEC61131-3 标准，实现 PLC 编程功能
	扩展外部轴	Ethercat 总线：支持多个外部插补轴及联动轴
	伺服参数设置	伺服参数配置一体化
	机型设置	一键配置机器人类型

三、设备组成及功能描述

1. 零件库（图 3-1-2）

【**结构组成**】　铝质结构，由九宫格定位托盘、支架、底盘三部分组成。

【**功能作用**】　零件存储放置平台，用来放置按钮底座、按钮盖、按钮指示灯等。

【**注意事项**】　托盘为定制型模具，不同的原材料零件是不同的，根据加工零件的不同，随之变化。

2. SCARA 四轴工业机器人单元（图 3-1-3）

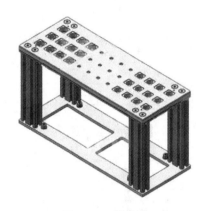

图 3-1-2　零件库　　　　　　　　图 3-1-3　SCARA 四轴工业机器人单元

【**结构组成**】　主要由机器人本体、控制器、示教器及夹具组成。

【**功能作用**】　主要用于装配生产线的上料，因其运行精度较高，有时也会用来装配。

【**注意事项**】　工业机器人完全是依靠程序和位置运行的，一般不会因碰到人或物而停止，所以机器人的操作非常危险，操作时必须穿戴好必备的防护用品，并站在安全位置。试运行时，必须将速度降低且单步运行。

3. 环形装配检测机构（图 3-1-4）

【**结构组成**】　环形装配检测机构主要由转盘、安装支架、气动夹具、伺服电动机、50∶1 谐波减速机组成。

【**功能作用**】　环形装配检测机构主要负责接收来自 SCARA 机器人的按钮零件，将零件运送到装配位置；同时将工件牢牢夹紧，防止在装配过程中工件移动。装配底座下面提供电源接口，用于检测按钮装配质量。

【**注意事项**】　装盘进行旋转运动，旋转运动不能超过 1 圈，运行时禁止伸手或者靠近转盘。

4. 六轴工业机器人装配分拣单元（图 3-1-5）

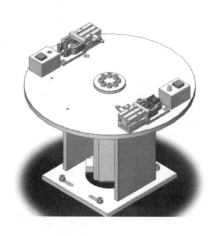

图 3-1-4 环形装配检测机构　　　　　　　　图 3-1-5 六轴工业机器人装配分拣单元

【结构组成】 工业机器人装配分拣单元由六关节工业机器人本体、示教器、控制器、底座、气动手抓等组成。

【功能作用】 机器人主要负责将环形装配检测机构上的按钮零件装配成一个按钮，装配完成根据视觉检测颜色和装配质量，依据检测结果将按钮分类放到按钮成品库中。

【注意事项】 操作时，必须佩戴安全帽！机器人运动时不近距离接近机器人。

5. 视觉检测装置（图 3-1-6）

【结构组成】 视觉检测装置主要由安装支架、相机、摄像头、控制器、光源等组成。

【功能作用】 视觉检测装置通过摄像头检测，将按钮装配质量、颜色信息送至控制系统。

【注意事项】 调整合适的检测角度，保持摄像头清洁。

6. 成品库（图 3-1-7）

图 3-1-6 DLDS-1508 视觉检测装置　　　　　　图 3-1-7 成品库

【结构组成】　成品库主要由储料台、安装支架组成。

【功能作用】　成品库用于盛放已装配完成的按钮，根据颜色和质量进行分类仓储。

【注意事项】　安装时要确保零部件无磕碰。

7. 对射光幕（图 3-1-8）

【结构组成】　光幕开关为对射型光电传感器，由发射器、接收器和支架组成。

【功能作用】　采用工业级安全光栅，配套相应的电气控制系统，当设备运行时，有物体进入后能够及时地停止动作。

【注意事项】　保证两光幕开关的平行度且左右上下对正。

8. 设备台体（图 3-1-9）

 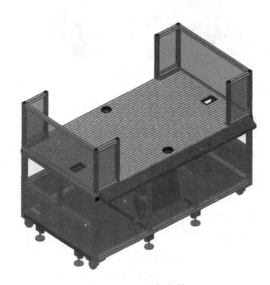

图 3-1-8　对射光幕　　　　　　　　图 3-1-9　设备台体

【结构组成】　尺寸为 1700mm×900mm×750mm，铝型材排列台面，配备调平垫脚及移动滚轮。

【功能作用】　承载机械装配零件及电气控制系统。

【注意事项】　工作台的稳定度及水平度直接影响机器人的工作效率。

9. 装配桌（图 3-1-10）

【结构组成】　工作桌尺寸为 1500mm×700mm×780mm，桌面采用高强度的钢制桌面并铺有防护层，承重 1000kg，具备相应的操作电源和智能化插座。

【功能作用】　材料的摆放。

【注意事项】　较重物品不要放在桌边。

10. 电脑桌（图 3-1-11）

【结构组成】　电脑桌尺寸为 560mm×410mm×860mm，采用钢结构表面喷塑，并有主机和显示器护板，带螺纹万向脚轮及刹车功能，抽拉式键盘托板，可拆卸式穿线孔。

【功能作用】　放置电脑、资料等物品。

【注意事项】　脚轮配备刹紧装置，使用时应将刹车装置打开。

图 3-1-10 装配桌

图 3-1-11 电脑桌

任务实施

观看 DLDS-1508 设备动作视频及设备实物了解 DLDS-1508 的硬件系统组成，了解工作单元之间的关系。

【导师有话说】 只有善于总结，才会有更高的进步，现在整理一下思路小结一下吧！

_____

_____

_____

_____

_____

任务二 认识 DLDS-1508 工业机器人控制系统组成

任务描述

DLDS-1508 设备控制系统包含了认识电源控制系统、四轴和六轴机器人控制系统、伺服驱动系统、逻辑控制系统、传感器系统、操作按钮、人机界面系统、通信系统、气动控制系统等，让我们一一来认识一下吧。

任务目标

1. 认识电源控制系统。
2. 认识四轴和六轴机器人控制系统。
3. 认识伺服驱动系统。
4. 认识逻辑控制系统。
5. 认识传感器系统。
6. 认识操作按钮、人机界面系统。
7. 认识通信系统。
8. 认识气动控制系统。

任务准备

1. 电源控制系统

【结构组成】 电源控制系统由断路器、开关电源等电器元件组成，供电电源有交流 AC 220V 和直流 24V 两种。

【功能作用】 电源控制系统具备电路分断及短路保护功能，设备主要用电设备电源均单独控制，保证设备的运行安全。

【注意事项】 在进行设备操作调试时，必须弄清楚每一个断路器的作用，以备设备运行出现异常时，应急断电。

DLDS-1508 电源系统如图 3-1-12 所示。

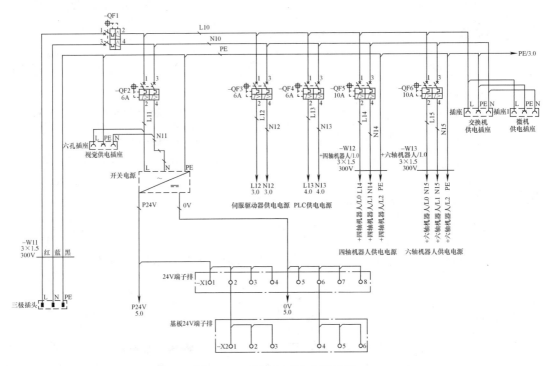

图 3-1-12 DLDS-1508 电源系统

2. 四轴、六轴机器人控制系统

机器人控制系统是工业机器人的重要组成部分，它的机能类似于人脑。工业机器人要与外围设备协调动作，共同完成作业任务，就必须具备一个功能完善、灵敏可靠的控制系统。工业机器人的控制系统可分为两大部分：一部分是对其自身运动的控制，从而影响工业机器人末端法兰的位置和姿态；另一部分是工业机器人与周边设备的协调控制。

工业机器人控制研究的重点是对其自身的控制，实时控制机器人本体的机械运动及实时反馈机器人当前位置。

【结构组成】

（1）四轴机器人控制系统 由断路器、机器人控制器、示教器（见图 3-1-13）、伺服驱动器（见图 3-1-14）、伺服电动机、通信扩展模块及输入输出模块组成。

图 3-1-13　四轴机器人示教器　　　　　　图 3-1-14　四轴机器人驱动器内部结构

（2）六轴机器人控制系统　由断路器、机器人控制器、示教器（见图 3-1-15）、伺服驱动器（见图 3-1-16）、伺服电动机、通信扩展模块及输入输出模块组成。

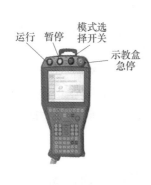

运行　暂停　模式选择开关
示教盒急停

图 3-1-15　六轴机器人示教器　　　　　　图 3-1-16　六轴机器人驱动器内部结构

【机器人控制系统特点】
①机器人的控制与机构运动学及动力学密切相关。
②工业机器人的控制是一个多变量控制系统。
③机器人控制系统必须是一个计算机控制系统。
④控制机器人仅利用位置闭环是不够的，还要利用速度甚至加速度闭环。
⑤机器人的控制需要根据传感器和模式识别的方法获得对象及环境的工况，按照给定的指标要求，自动地选择最佳的控制规律。

3. 伺服驱动系统

【结构组成】　伺服驱动系统由伺服驱动器、伺服电动机构成，如图 3-1-17 所示。

（1）伺服驱动器（servo drives）　又称为伺服控制器、伺服放大器，是用来控制伺服电动机的一种控制器。其作用类似于变频器作用于普通交流电动机，属于伺服系统的一部分，主要应用于高精度的定位系统。一般是通过位置、速度和力矩三种方式对伺服电动机进行控制，实现高精度的传动系统定位。

（2）伺服电动机（servo motor）　它是指在伺服系统中控制机械元件运转的发动机，是一种补助电动机间接变速装置。

4. 传感器系统

传感器是一种检测装置，能感受被测量的信息，并能将感受到的信息按一定规律变换成为电信号或其他所需形式的信息输出，以满足信息的传输、处理、存储、显示、记录和控制等要求。磁性开关传感器的外形如图 3-1-18 所示。

图 3-1-17　汇川伺服驱动器和伺服电动机

图 3-1-18　磁性开关传感器的外形

传感器的特点是微型化、数字化、智能化、多功能化、系统化、网络化。它是实现自动检测和自动控制的首要环节。通常根据其基本感知功能分为热敏元件、光敏元件、气敏元件、力敏元件、磁敏元件、湿敏元件、声敏元件、放射线敏感元件、色敏元件和味敏元件十大类。

传感器按工作原理可分为电阻、电容、电感、电压、霍尔磁性、光电、光栅、热电偶等传感器。一般工业现场应用比较广泛的为电感、电容、光电、霍尔磁性等传感器。

霍尔磁性传感器的检测对象必须是磁性物体。灵敏度与外加磁场强度成正比。无触点、低功耗、长使用寿命、响应频率高。内部采用环氧树脂封灌成一体化，所以能在各类恶劣环境下可靠的工作。

5. 操作按钮和人机界面

（1）按钮　是一种常用的控制电器元件，常用来接通或断开"控制电路"，从而达到控制电动机或其他电气设备运行目的的一种开关，如图 3-1-19 所示。

按钮由按键、动作触头、复位弹簧、按钮盒组成。按钮的用途很广，例如 1508 工业机器人技术应用实训系统的起动与停机、复位、急停等都需要按钮控制。

（2）人机界面　人机交互主要是采用触摸屏来实现，该工作站采用汇川（IT6070E）7in 触摸屏，主要用来实现数据的显示和输入。人机界面的外形如图 3-1-20 所示。

图 3-1-19　按钮的外形

图 3-1-20　人机界面的外形

6. 可编程序控制器

可编程序控制器（又称为 PLC）是一种采用一类可编程的存储器，用于其内部存储程序，执行逻辑运算、顺序控制、定时、计数与算术操作等面向用户的指令，并通过数字或模拟式输入/输出控制各种类型的机械或生产过程。可编程序控制器的外形如图 3-1-21 所示。

图 3-1-21　可编程序控制器的外形

7. 气动控制系统

气压传动和控制是生产过程自动化和机械化最有效手段之一，气动控制系统主要包括气源、调压器、过滤器、控制器和执行器件等。

 任务实施

观看任务讲解或参考设备弄清楚每个控制器件的作用及其之间的关系。

 知识拓展

一、设备配置

设备配置清单见表 3-1-3。

表 3-1-3　设备配置清单

序号	名称	品牌	主要功能和技术参数	数量
1	实训台体	栋梁	1700mm×1000mm×1600mm	1
2	零件库	栋梁	自制	1
3	成品库	栋梁	自制	1
4	PLC 模块	汇川	CPU 模块	1
5	漏电断路器	德力西	2P16A	1
6	开关电源		DC24V3A	1
7	按钮指示灯	一佳	起动、停止、复位、急停	1
8	触摸屏	汇川	7in	1
9	电气辅材		继电器、端子等	1
10	光幕	安伟	AWG-180-20-P	1
11	装配桌	栋梁	1500mm×700mm×780mm	1
12	电脑桌	栋梁	560mm×410mm×860mm	1
13	六关节机器人	栋梁	轴数：六轴，负载：3kg	1
14	机器人控制器	栋梁	机器人专用	1
15	示教器	栋梁	标准	1

（续）

序号	名称	品牌	主要功能和技术参数	数量
16	连接电缆	栋梁	连接机器人本体和控制器	1
17	夹具	栋梁	抓取按钮底座、指示灯	1
18	气管		$\phi4$、$\phi6$	1
19	机器人底座	栋梁	与机器人配合使用	1
20	SCARA 机械手	栋梁	配离线编程软件	1
21	机器人控制器	栋梁	栋梁机器人专用带总线	1
22	示教器	栋梁	标准	1
23	连接电缆	栋梁	连接机器人本体和控制器	1
24	夹具	栋梁	抓取按钮零部件	1
25	底座	栋梁	与机器人配合使用	1
26	视觉系统	栋梁	彩色相机、分辨率	1
27	转盘	栋梁	自制	1
28	夹具	栋梁	自制	1
29	伺服电动机	汇川	ISMH4-40B30CB	1
30	伺服驱动器	汇川	ISP620PS2R8I-C	1
31	谐波减速机	来福	减速比 50∶1	1
32	送电装置	栋梁	自制	1
33	气泵	24L	带快插接口	1
34	仿真器	栋梁	自制	1
35	废料盒	栋梁	自制	

二、主要功能

该设备能够完成的实训项目包括：供料单元机械结构组装与调试实训、SCARA 机器人轨迹规划、环形装配检测单元机械结构组装与调试实训、环形装配检测单元运动控制程序编写、视觉检测模块机械结构组装与调试实训、视觉检测模块电气调试、机器人的认识以及应用、装配检测单元工业机器人安装、装配检测单元成品库的组装与安装调试、机器人与 PLC 通信实训、机器人轨迹规划实训、检测开关的应用、多种传感器的应用、气动元件的应用、PLC 的应用、可视化人机界面的应用、气动电路接管和电气连线、机械部分和气动部分组装和拆卸、系统故障诊断与维护和机器人仿真软件的机器人拆装实训。

三、警告和注意事项

为了避免伤害和损坏产品，使用前应严格按照安全警告和注意事项进行操作。为了避免潜在的危险，请按指定操作使用并按指导书指定操作，否则设备提供的保护可能会受到削弱和损害。将设备安装在干净、干燥和平整的环境内并进行正确连接和拆卸。使用规则电压并带接地保护，以防电击和其他事故发生。为了不出现特殊故障，应离开电磁物质，以确保产品控制器周围没有电磁场。不要在存在错误隐患的情况下操作，如果不能确定是否会对设备造成损坏时，应请专业人士检查确认后再进行操作。不要在易爆炸的空气中进行操作。不要打开控制器或模块零件的壳体。

（1）安全注意事项　为正确、安全地使用产品及防止事故的发生，应仔细阅读"安全注意事项"。注意事项由"警告"和"注意"及相关内容组成。

（2）警告标志

1）危险［Danger］："高压危险"标志，有高压触电危险，如不按指示操作，可能造成严重伤害甚至死亡。

2）警告［Warning］：表示有潜在危险，如不按指示操作可能造成严重伤害甚至死亡。

3）注意［Caution］：表示有不可预知的潜在危险，如不按指示操作，可能会造成轻度伤害。

【导师有话说】　只有善于总结，才会有更高的进步，现在整理一下思路小结一下吧！

_____

_____

_____

_____

_____

_____

_____

_____

_____

项目二　SCARA 四轴工业机器人基本应用

2

任务一　按钮原料搬运

任务描述

在"按钮全自动装配检测仓储生产线"中，第一站是完成按钮原材料的供应。根据用户需求，将放置在托盘架上的按钮零件，按规定要求，采用 SCARA 四轴工业机器人，放置在装配托盘上。要求采用 SCARA 四轴工业机器人设计合理的工作路径，安全可靠、高效率地实现按钮原材料的供应。

任务目标

1. 掌握机械装配工艺及技术。
2. 掌握电气装配工艺及技术。
3. 掌握电气线路的测试与故障检测。
4. 掌握四轴机器人夹具选择和调试。
5. 掌握气动回路的搭建及调试方法。
6. 掌握四轴机器人程序编写及点位示教。

子任务一　上料单元机械装配

任务目标

1. 掌握机械装配工具的使用方法。
2. 掌握机械装配测量技术。
3. 掌握机械装配工艺及技术。
4. 掌握装配效率的提高方法。

任务准备

1. 认识机械零件

【导师有话说】 俗话说"知己知彼，百战不殆"。不管什么时候，是不是接到任务就马上实施呢？不是的！还是让我们先看一看装配对象吧！

（1）零部件

①按钮原料托盘架：铝制底，四角固定。需要固定数：4。

②SCARA 四轴工业机器人（图 3-1-4）：金属钣金底座，四角固定。需要固定数：4。

③按钮装配托盘（图 3-1-5）：铝制底，四角固定。需要固定数：4。

④T 形槽安装平台：如图 3-2-1 所示，铝制，横向有定位槽，纵向槽间距为 25mm（横向可自由移动，纵向的调节只能是 25mm 的倍数）。

（2）装配附件

①内六角圆柱头螺钉：不锈钢材质，型号为公称直径×公称长度，例：M5×25，表示公称直径为 5mm，长度为 25mm 的螺钉，如图 3-2-2 所示。

图 3-2-1　T 形槽安装平台

图 3-2-2　内六角圆柱头螺钉

【导师有话说】 选用时一定要注意螺钉的长度，螺钉太长会触及安装板的槽底，使螺钉不能旋紧。

②T 形螺母：该螺母是配合 T 形槽的安装板而设计的，型号为内螺纹直径-T 形槽口宽度，例如 M5-8 表示内螺纹为 5mm，且适用于 T 形槽口宽 8mm 铝型材的 T 形螺母。

【导师有话说】 安装 T 形螺母时，因其特殊的设计，一般是自动垂直于 T 形槽，当然也不排除特殊情况的存在，所以 T 形螺母在使用时一定要注意螺母长边方向必须垂直于 T 形槽，如水平于 T 形槽则固定无效。

③垫圈：又分为平垫圈（图 3-2-3）和弹簧垫圈（图 3-2-4），两者配合使用主要是为

图 3-2-3　平垫圈

图 3-2-4　弹簧垫圈

了增大螺钉与被连接件的接触面积，以及防止机械振动造成的螺栓松动。型号均为配用螺钉的公称直径，例：5 表示配公称直径为 5mm 的螺钉使用的垫圈。

【导师有话说】 正确的使用方法是，平垫圈紧靠被连接件，弹簧垫圈在上，如图 3-2-5 所示。旋紧后以弹簧垫圈压平为宜。拆卸下的弹簧垫圈，若不能自然弹回，则失效不能再次使用。

2. 认识常用的装配工具

【导师有话说】 工具是做好工作的先行条件，正可谓"工欲善其事，必先利其器"。

（1）卷尺（图 3-2-6） 用于测量长尺寸，测量精度为 ±0.5mm。通常型号为 3m、5m。

图 3-2-5 垫圈的正确用法

图 3-2-6 卷尺

技术点：在使用卷尺测量时，一定要紧贴被测量面，且保持与其平行或垂直。

技术规范：通常在使用卷尺时，为右手拿尺盒，拇指控制制动器，左手缓慢将尺条拉出，进行测量。测量完毕，将尺条缓慢送回到尺盒，不允许脱手，防止尺条伤人。

选用原则：根据使用最大测量长度选择合适的长度规格卷尺。质量以尺条伸出挺举长度越长为宜。

图 3-2-7 钢板尺

（2）钢板尺（图 3-2-7） 可用于短距离测量和画线，测量精度为 ±0.25mm。常用型号为 150mm、300mm 和 500mm 等。

技术点：在使用钢板尺进行测量或画线时，一定要紧贴被测量面，且保持与其平行或垂直。

技术规范：通常在使用钢板尺时，需要注意保护首端防止磨损，以免影响测量精度。当使用长度大于 1000mm 的钢板尺进行画线时，不宜单人操作。

选用原则：选用钢板尺时一定要注意测量空间的大小，根据测量空间的大小选择合适长度。

（3）直角尺（图 3-2-8） 可用于直角的测量及工件装配时倾斜的矫正，适于短距离测量和画线，测量精度为 ±0.25mm。通常型号为 150mm、300mm、500mm 等。

技术点：在使用直角尺进行测量或画线时，一定要紧贴被测量面，且保持与其平行或垂直。

技术规范：通常在使用直角尺时，需要注意保护首端防

图 3-2-8 直角尺

止磨损，以免影响测量精度。当使用长度大于 1000mm 的直角尺进行画线时，不宜单人操作。

选用原则：选用直角尺时一定要注意测量空间的大小，根据测量空间的大小选择合适长度。

（4）扳手（图 3-2-9）　扳手的种类繁多，譬如：呆扳手、活扳手、内六角扳手、扭力扳手、套筒扳手等。

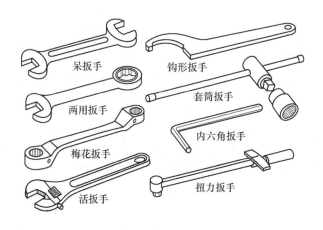

图 3-2-9　扳手

技术点：扳手主要是利用杠杆原理拧转螺栓、螺钉、螺母和其他螺纹紧持螺栓或螺母的开口或套孔固件的手工工具。

技术规范：使用时选用的扳口尺寸必须和螺栓、螺母配合，防止打滑损伤螺栓或螺母。不允许在扳手的臂长的基础上加长使用。

选用原则：根据螺栓或螺母的形式选择合适的扳手工具。操作中尽量采用专用工具，尽量不要选用多用工具或复合工具。

（5）橡胶锤

技术点：橡胶锤用来敲击工件进行尺寸的微调整，因其采用橡胶材质，不易损伤工件及留下敲击痕迹。

技术规范：使用橡胶锤时，正确握持方法是握持手柄尾部，尾部留有 20mm 左右尺寸即可。

选用原则：根据敲击工件的重量选择合适的橡胶锤。

（6）辅助工具　辅助工具包括铅笔、橡皮、小刀等。

【导师有话说】　是不是价格高的、进口的工具就是最好的呢？不是的，机械工具当然要选择刚性较好的，操作者使用顺手也是一个必要的选择条件。

3. 识读装配图

装配图表示各零部件之间的相互位置，在识读机械装配图（图 3-2-10）时，首先要搞清楚基准线和测量线。分析各数据之间的关系找出关键尺寸。

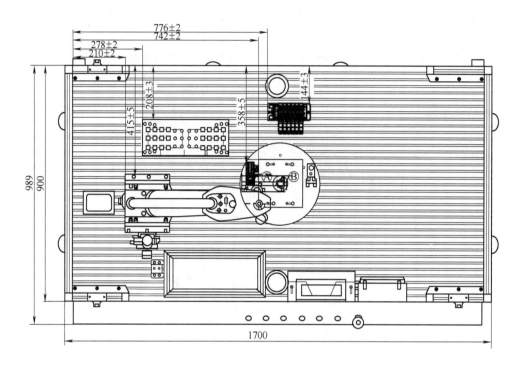

图 3-2-10　装配图

任务实施

第一步：定位画线

1）选定测量基准及适合的量具。

2）测量，并在正确的尺寸处用铅笔做好标记。

【导师有话说】　测量基准的选择要正确、合理，避免测量时产生累计误差；用铅笔做标记时应清晰、准确，应用两点确定一条直线，且两点间距尽量大，避免安装时零部件歪斜。

第二步：器件固定

1）操作顺序：四轴机器人→按钮装配托盘→原料托盘架。

2）预紧需要固定的零部件，并再次检验零部件的位置是否正确，是否满足与其他零部件的垂直及平行要求。

3）调整完成后，完全紧固螺钉。

【导师有话说】

1）由远及近、由重及轻、由大及小。不要忘记平垫圈和弹簧垫圈，固定螺栓对角循环紧固，防止逐个紧固将工件紧固变形。不要一次性紧固，紧固到不晃动时，要校验尺寸，如尺寸有少许误差可用橡胶锤矫正。紧固时不要忘记观察 T 形螺母的状态。

2）注意零部件之间的平行度问题，以免影响后续的工作。

3）紧固多螺钉时，不要将螺钉一次性拧紧，应按对角依次循环拧紧，防止器件固定产生倾斜。

第三步：安装检查

参照图样机械装配尺寸和固定稳定度进行检查。

【导师有话说】　检查好像是一个重复性的工作，但这是一个关键性的工作，不容忽视。

第四步：整理现场

清理工作台将尺寸线或标记擦除，将剩余材料归还、产生垃圾回收、工具放回工具箱、卫生清扫。

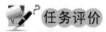 任务评价

序号	评分内容	扣分要求	配分	得分
1	SCARA 机器人安装到位	螺栓安装齐全，紧固，漏装 1 个扣 1 分，未紧固 1 个扣 0.5 分	4	
2	SCARA 机器人夹具安装到位	螺栓安装齐全，紧固，漏装 1 个扣 1 分，未紧固 1 个扣 0.5 分	2	
3	零件库安装到位	螺栓安装齐全，紧固，漏装 1 个扣 1 分，未紧固 1 个扣 0.5 分	4	
4	环形装配检测机构安装到位	螺栓安装齐全，紧固，漏装 1 个扣 1 分，未紧固 1 个扣 0.5 分	4	
5	电磁阀模块安装到位	螺栓安装齐全，紧固，漏装 1 个扣 1 分，未紧固 1 个扣 0.5 分	2	
6	表面清洁度	存在装配造成的划伤，每处扣 0.5 分，扣完为止	3	
7	人身防护用具穿戴齐全	袖口散口，每一项扣 0.5 分。未穿绝缘鞋扣 1 分，带手套扣 1 分不戴安全帽扣 2 分	2	
8	周围环境卫生清洁无杂物	出现一处扣 1 分，扣完为止	5	

【导师有话说】　只有善于总结，才会有更高的进步，现在整理一下思路小结一下吧！

_____

_____

_____

_____

子任务二　夹具的安装与调试

任务目标

1. 了解气动夹具的工作原理。
2. 掌握气动夹具的安装技术。
3. 掌握气动夹具的调试方法。

任务准备

1. 常用的机器人夹具

目前市场上，机器人末端夹具主要有夹钳式和吸附式两种，如图 3-2-11 所示。夹具又分为单作用式和双作用式。

【导师有话说】

①夹钳式夹具主要使用在形状规则、表面粗糙易于夹持的工件。

②吸附式夹具主要使用在工作表面较大、形状不规则且表面光滑易于吸附的工件。

③单作用夹钳式夹具采用弹簧复位的方式，控制回路简单。单方向夹持力矩可调。

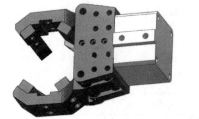

图 3-2-11　夹钳式和吸附式夹具

④双作用夹持式夹具，控制回路复杂。双向夹持力矩可调。

2. 动力源

根据操作压力和工作条件选择气源作为压力源。通常采用空气压缩机来实现。

（1）按工作原理分类　空压机分为螺杆式空压机（又分为单螺杆空压机及双螺杆空压机）、离心式空压机、活塞式空压机、滑片式空压机、涡旋式空压机和旋叶式空压机。

（2）按空压机输出压力大小分类

1）低压空压机：$0.2 \sim 1.0$ MPa。

2）中压空压机：$1.0 \sim 10$ MPa。

3）高压空压机：$10 \sim 100$ MPa。

4）超高压空压机：> 100 MPa。

（3）按空压机输出流量（排量）分类

1）微型、小型空压机：$1 \sim 10 \mathrm{m}^3 / \min$。

2）中型空压机：$10 \sim 100 \mathrm{m}^3 / \min$。

3）大型空压机：$> 100 \mathrm{m}^3 / \min$。

（4）按冷却器方式分类　可分为水冷式和风冷式空压机。水冷式采用冷却水循环冷却，风冷式采用风扇冷却。

（5）按驱动方式分类　可分为电动机驱动方式和柴油机驱动方式空压机。大型电动机驱动方式配有配电柜，柴油机驱动方式由蓄电池起动。

（6）按润滑方式分类　可分为无油式和机油润滑式空压机，后一种又分为飞溅式和强制式（即油泵和注油器供油润滑式）。

【导师有话说】

空气压缩机简称"空压机"，在工业现场中的应用非常的广泛，其工作原理如有需要可自行查阅。

3. 控制器件

（1）方向控制　气动回路的方向控制采用的是电磁阀，如图 3-2-12 所示。

气动电磁阀的内部结构及工作原理，如有需要

图 3-2-12　电磁阀

可自行查阅。这里主要介绍电磁阀的分类和应用。常见电磁阀的图形符号如图 3-2-13 所示。

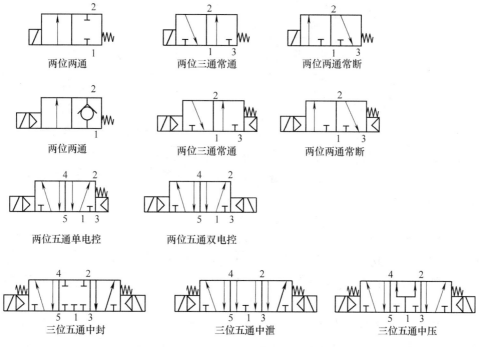

图 3-2-13 常见电磁阀的图形符号

【导师有话说】

电磁阀的种类繁多，只要搞清楚它的符号定义，就可以了，电磁阀符号由方框、箭头、"T" 和字符构成。电磁阀图形符号的含义见表 3-2-1。

表 3-2-1 电磁阀图形符号的含义

名称	结构原理	图形符号
二位四通阀	A P B T	A B / P T
三位四通阀	A P B T	A B / P T
二位五通阀	T1 A P B T2	A B / T1 P T2

（续）

名称	结构原理	图形符号
三位五通阀		

①用矩形框表示阀的工作位置，有几个方框就表示有几"位"。

②矩形框内的箭头表示回路处于接通状态，但箭头方向不一定表示介质的实际方向。

③框内符号"⊥"或"⊤"表示该通路不通。

④矩形框外部连接的接口数有几个，就表示几"通"。

⑤一般情况下，阀与进气口连接的用字母 P 表示；阀与系统回气路连通的回气口用 T（有时用 o）表示；而阀与执行元件连接的气口用 A、B 等表示。

⑥换向阀都有两个或两个以上的工作位置，其中一个为常态位，即阀芯未受到操纵力时所处的位置。图形符号中的中位是三位阀的常态位。利用弹簧复位的二位阀则以靠近弹簧的矩形框内的通路状态为其常态位。绘制系统图时，气路一般应连接在换向阀的常态位上。

几种常见的电磁阀如图 3-2-14 ～ 图 3-2-16 所示。

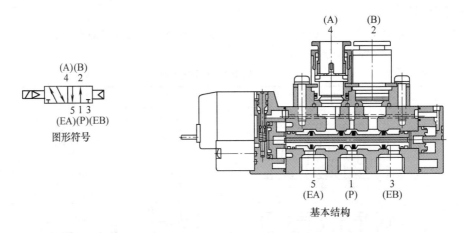

图形符号

基本结构

图 3-2-14　二位单控电磁阀

图中 代表先导式电磁控制， 表示直动式电磁控制，其中那个小三角代表为先导式，没有就是直动式， 则表示弹簧复位。

注意：压下电磁阀手动控制按钮，可手动操作电磁阀控制气缸动作。

（2）流量控制　节流阀是通过改变节流截面或节流长度以控制流体流量的阀门，如图 3-2-17 所示。将节流阀和单向阀并联则可组合成单向节流阀。节流阀和单向节流阀是简易的流量控制阀。节流阀没有流量负反馈功能，不能补偿由负载变化所造成的速度不稳定，一般仅用于负载变化不大或对速度稳定性要求不高的场合。通常工作压力范围为 0.3～0.63MPa。节流阀的图形符号如图 3-2-18 所示。

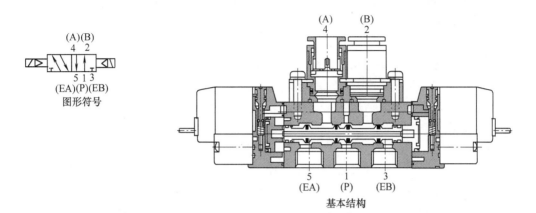

图 3-2-15　两位双控电磁阀

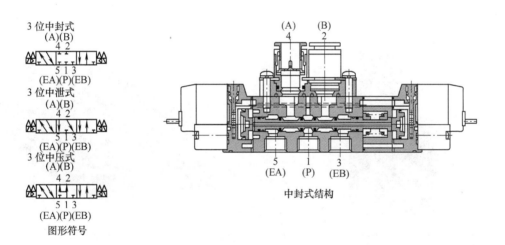

图 3-2-16　三位电磁阀

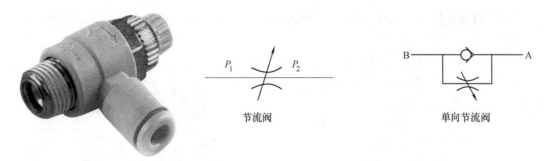

图 3-2-17　节流阀　　　　　　图 3-2-18　节流阀的图形符号

节流阀使用时松开锁紧螺母，旋转调节头，进行流量调节。

【导师有话说】

用气动流量控制阀对气动执行元件进行调速，比用液压流量控制阀调速要困难，因为气体具有压缩性。所以用气动流量控制阀调速时应注重以下几点，以防产生爬行。

①管道上不能有漏气现象。

②气缸、活塞间的润滑状态要好。

③流量控制阀应尽量安装在气缸或气马达四周。

④安装时要注意介质方向与阀体所标箭头方向保持一致。

⑤尽可能采用出口节流调速方式。

⑥外加负载应当稳定。

4. 辅助器件

（1）调压过滤器　调压过滤器指的是将空气过滤器、减压阀两种气源处理元件组装在一起的器件。主要起到气体过滤，压力调节作用，如图3-2-19所示。

（2）气动管　PU材料气动管的型号用外径和内径表示。例如：TPU12×8表示外径为12mm，内径为8mm，壁厚为2mm的气动管。通常型号只说外径的大小。气动管的外形如图3-2-20所示。

图3-2-19　调压过滤器

图3-2-20　气动管的外形

【导师有话说】　气动管的直径根据所连接气动元件的接口大小确定。通常气路中的常通气和控制气需要用颜色分开。

（3）扎带扣固定座　扎带扣固定座的外形如图3-2-21所示，其用于绑扎固定气管或导线。固定方式采用螺钉和T形螺母固定。

（4）尼龙扎带　尼龙扎带的外形如图3-2-22所示，其用于绑扎气动管或导线。

工艺规范：电气控制线路和气路控制线路应使用扎带分开，电气控制线路使用黑色扎带绑扎；气路控制线路使用白色扎带绑扎。

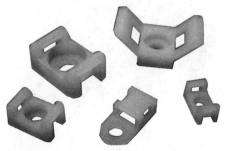

图3-2-21　扎带扣固定座的外形

5. 气管剪

气管剪的外形如图 3-2-23 所示。

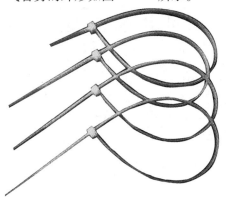

图 3-2-22 尼龙扎带的外形

图 3-2-23 气管剪的外形

【导师有话说】

这是一款专用的工具，剪切气管能够较好的避免气动回路安装中的漏气问题。

任务实施

第一步：识读机械装配图（图 3-2-24）及气动回路图（图 3-2-25）

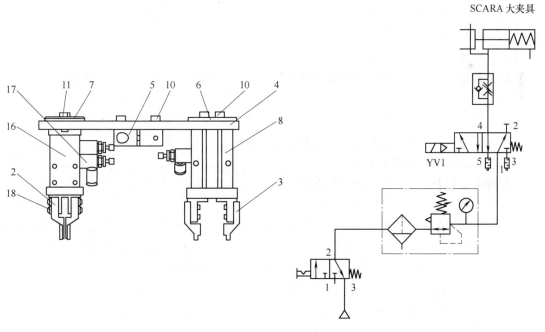

图 3-2-24 机械装配图

图 3-2-25 气动装配图

【导师有话说】 读懂图样，是能够正确施工的第一步。

第二步：零件及器件的选择与检测

根据装配图选择零件及器件并进行检测，见表 3-2-2。

表3-2-2　零件的选择及器件的检测

序号	零件/器件名称	型号	数量	校验情况
1	气动手指	MHZ2-16S	1	合格（　）不合格（　）
2	底板	栋梁	1	合格（　）不合格（　）
3	手指	栋梁	1副	合格（　）不合格（　）
4	调压过滤器	AW20-02BG-A	1	合格（　）不合格（　）
5	二位五通电磁阀	SY5120-5GZ-01	6	合格（　）不合格（　）
6	电磁阀底板	SS5Y5-20-06	1	合格（　）不合格（　）
7	单向节流阀	AS1201F-M5-04A	3	合格（　）不合格（　）
8	气管	$\phi 4$		合格（　）不合格（　）
9	气管	$\phi 6$		合格（　）不合格（　）
10	气路快接头	KQ2H04-01AS	8	合格（　）不合格（　）
11	生料带			合格（　）不合格（　）
12	扎带扣固定座			合格（　）不合格（　）
13	扎带			合格（　）不合格（　）

【导师有话说】　仔细检查每一个器件，并在检查中将零件及材料有序摆放。

第三步：任务实施

1. 气动夹具的组装与固定

1）将气动手指固定在手指气缸上。

【导师有话说】　固定手指时注意手指的平行度和垂直度，以利于工件的夹持（固定后，可手动夹持工件试验，并加以调整）。

2）将节流阀固定在气缸的进气口。

【导师有话说】　固定前检查节流阀连接处的密封垫是否完好，如有缺损及时更换。

3）将气缸固定在底板上。

【导师有话说】　注意气缸角度与底板的关系。

4）将夹具固定在SCARA四轴工业机器人的末端。

【导师有话说】　将夹具固定在机器人第四轴时一定要注意第四轴的角度，当使用角度超出或邻近极限角度时系统将无法运行。若装配时，不能起动机器人无法取得角度时，建议不要将固定螺栓一次性拧紧，待开机调试示教点位时，再进行固定。

2. 气动回路的搭建

1）根据装配尺寸完成电磁阀组的安装。

2）根据气动原理图设计气路的布管路径并固定扎带扣。

①布管路径：气动手指→机器人第四轴中心孔→进入机器人内部气路→机器人内部气路出口→沿台面→阀组→调压过滤器→气源。

②扎带扣固定：要求均匀分布，间距尺寸不大于120mm，弯角处弯曲半径不低于3倍的气管直径。

操作规范：扎带扣尺寸的确定，以固定两端的扎带扣为基准，中间的尺寸均不以不大于120mm为宜，具体要求见第一篇的"项目一全国工业机器人应用技能大赛技术规范"的"五、操作规范细则"中的"1.机械部分操作规范细则"。

③布管固定：从夹具开始布管，气管一端插入节流阀的快接头，一端经机器人第四轴中间孔到达机器人内部气管接口，从内部气管接口出来经气管到达阀组对应的电磁阀。电磁阀通过气管经调压过滤器到达气源。顺序用扎带固定和绑扎气管，不宜出现气管缠绕和跨越叠压等现象。

【导师有话说】 一般常通气管采用深颜色，动力气管采用浅颜色，该设计中，常通气管采用黑色，动力气管采用蓝色。

第四轴是上下移动的，在第四轴上端需留有一定余量的气管，满足第四轴达到最上端时，长度适宜为宜；下端不宜留取过长，以免影响抓取工件。

关于内部接口的选用只要上下选取一致即可，口径尺寸不符合要求时可用变径接头转换即可。

气管的固定方法如图3-2-26所示。

操作规范：

1）第一根扎带离阀组气管接头连接处的最短距离为60 mm ± 5 mm；区间绑扎的扎带间距≤50mm均匀分布。

2）单根气管为满足工艺美观，也必须满足扎带的绑扎工艺要求。

3）不得因为气管折弯、扎带太紧等原因造成气流受阻。

4）气管不得从线槽中穿过（气管不可放入线槽内）。

3. 手动试验

打开气源，并调整压力达到0.5MPa，手动操作电磁

图3-2-26 气管的固定方法

阀（按下电磁阀上的手动按钮），使手指气缸动作，检查气缸动作是否满足要求，是否存在漏气等现象。

【导师有话说】

NO1：通过节流阀可以调节夹取的速度，根据需要调节，不宜过快。调整好后需将锁母锁紧，防止运行过程中发生变化。

NO2：所有活动件和工件在运动时不得发生碰撞。

NO3：气动回路通气前一定要将减压阀的设定压力调低，回路通气后再逐渐加压至额定压力。

第四步：整理现场

整理气路工艺，并剪切多余气管及扎带。

清洁整理现场，将剩余材料归还、产生垃圾回收、工具放回工具箱、卫生清扫。

操作规范：

①扎带切割后剩余长度需不大于1mm，以免伤人。

②清理工作台杂物。

③整理工具。

任务评价

序号	评分内容	扣分要求	配分	自评得分	互评得分
1	尺寸	一处不符合要求扣1分	5		
2	不得因为气管折弯、扎带太紧等原因造成气流受阻	一处受阻扣0.5分，扣完为止	3		
3	气管不得从线槽中穿过	一处扣0.5分，扣完为止	3		
4	所有的气动连接处不得发生泄漏	一处漏气扣1分，扣完为止	3		
5	工具不得遗留到站上或工作区域地面上	有遗留工具，每件工具扣0.5分，扣完为止	2		
6	工作站上不得留有未使用的零部件和工件	有遗留工件或耗材的，每件扣0.5分，扣完为止	2		
7	环形装配检测机构夹具气路	漏接、错接1处扣1分，漏气1处扣0.5分	2		
8	SCARA机器人夹具气路	漏接、错接1处扣1分，漏气1处扣0.5分	2		
9	二联体连入系统	漏接、错接、漏气1处扣0.5分	2		
10	人身防护用具穿戴齐全	袖口散口，每一项扣0.5分。未穿绝缘鞋扣1分，戴手套扣1分。不佩戴安全帽扣2分	2		
11	周围环境卫生清洁无杂物	出现一处扣0.5分，扣完为止	2		

【导师有话说】 只有善于总结，才会有更高的进步，现在整理一下思路小结一下吧!

_____

_____

_____

_____

子任务三　上料单元电气装配

任务目标

1. 掌握电气装配工具的使用方法。
2. 掌握电气装配工艺及技术。
3. 掌握电气线路的检测及维修技术。

任务准备

　　SCARA机器人自身控制器具备输入输出端口控制功能，简单的逻辑控制只需要机器人就可以完成控制。下面让我们了解一下SCARA机器人的I/O接口设置方法。

1. 硬件接口

该款机器人共有 16 个输入接口和 16 个输出接口，为继电器输出型，可直接驱动负载，如图 3-2-27 所示。

2. 软件设置

控制器接通电源后，示教器启动，进入主画面，主画面分菜单栏、工具栏、系统状态栏、文件列表栏等，如图 3-2-28 所示。

图 3-2-27 SCARA
机器人的 I/O 接口

图 3-2-28 示教器软件界面

（1）系统设置 系统设置包含"通讯设置""时间日期""用户设置""自定义报警"和"其他设置"等。要更改系统设置需先更改用户设置，获得更改系统设置的权限。更改用户模式界面如图 3-2-29 所示，在左边用户列表中选择"客户模式"，在右边输入登录密码，单击"登陆"。登录成功后，下方弹出密码修改界面，同时右上角控制工具栏更新用户

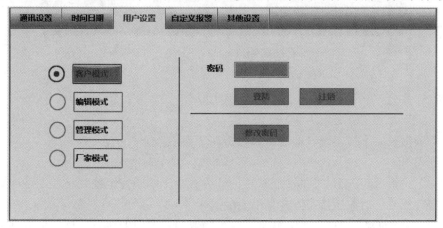

图 3-2-29 更改用户模式界面

模式。通信连接后，系统默认为客户模式登陆。客户模式不需要登录密码。管理模式需要密码，密码为000000。

（2）端口设置　在设置里面，设置外设配置和I/O配置，如图3-2-30所示。

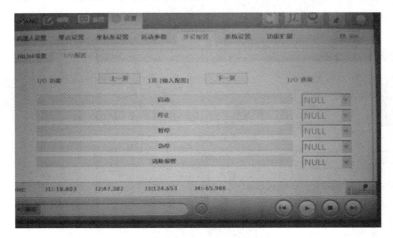

图3-2-30　输入端口参数设置（1）

NULL代表空白，无定义，如图3-2-31所示。

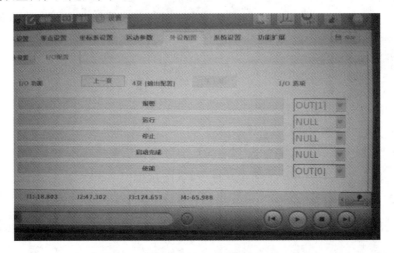

图3-2-31　输入端口参数设置（2）

图3-2-31中定义报警为OUT1，使能为OUT0。

3. 电路设计

该任务只需要一个输出端口即可，如图3-2-32所示。

4. 工艺要求

1）导线必须压接正确尺寸的冷压端子，然后将冷压端子完全插到终端模块中，并压紧螺钉。压接冷压端子时应压接牢固并且不能漏铜。

2）每根导线的两端都必须套有线号，线号的方向：横向的线号从操作的方向看必须是正向的；纵向的线号从操作的右侧看必须是正向的。

3）导线颜色的选择：电源正极采用红色，电源负极采用黑色。

4）当导线数量较多，且导线直径较小时，可采用绕线管将多根导线绕制在一起。

5）线槽必须是 45°安装工艺，并且固定任何一段线槽时都应使用至少 2 个带垫圈的螺钉。线槽必须全部合实，所有槽齿必须盖严。

6）线槽和接线终端之间的导线不能交叉。

7）组件上方不得走线，从线槽到组件之间不得有塑料护套，需要剥掉线槽里线缆的外部绝缘层（电缆绝缘部分应在线槽里）。电缆中不用的松线必须绑到线上，并且长度必须剪成和使用的那根长度一样，并且必须保留绝缘层，以防触点闭合，如图 3-2-33 所示。

8）不得损坏线缆绝缘层。

9）线槽中的线缆必须有至少 100mm 的预留长度。如果是同一个线槽里的短接线，没必要预留。

5. 材料准备

（1）冷压端子　接线端子（见图 3-2-34）是用于实现电气连接的一种配件产品，方便进行线路连接。

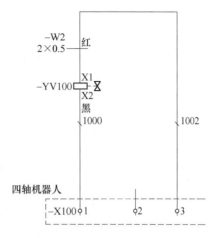

图 3-2-32　电路设计

图 3-2-33　松线的绑扎方法

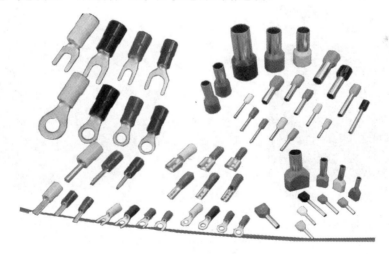

图 3-2-34　各种接线端子

针形/棒形冷压端子主要用于孔式压接，参数主要为孔的大小，例如：1.0 表示能穿过 1.0mm² 的导线。

叉形端子主要用于端子压接，参数主要有端子形状 + 导线截面积 + 压接螺栓直径，例如：UT1-3 表示端子形状为 U 形，压接导线截面积为 1 mm²，压接螺栓直径为 3mm；OT1-3 表示端子形状为 O 形，压接导线截面积为 1mm²，压接螺栓直径为 3mm。

（2）线号管　线号管是指用于配线标识的套管，有内齿，可以牢固地套在线缆上，材质一般为 PVC，适用于 0.5~6.0 mm² 的配线，如图 3-2-35 所示。

常用的是白色 PVC 内齿圆套管，常用规格为 0.75mm²、1.0mm²、1.5mm²、2.5mm²、4.0mm² 和 6.0mm²，其规格与电线规格相匹配，如 1.5 mm² 电线应选用 1.5 mm² 套管。在线号管上用线号印字机打印线号，用于配线标识。

线号印字机又称为线号打印机，简称线号机、打号机，如图 3-2-36 所示。

线号印字机在工业现场中的应用非常广泛，关于其使用方法，可参见线号印字机随机说明书。

图 3-2-35　线号管的使用方法

（3）绕线管　绕线管也称为缠绕管、卷式结束带，它是一种螺旋状的胶管保护套，常以聚乙烯、聚丙烯、尼龙为原料，对液压胶管、电线、电缆等内部产品起到束缚和保护的作用，如图 3-2-37 所示。

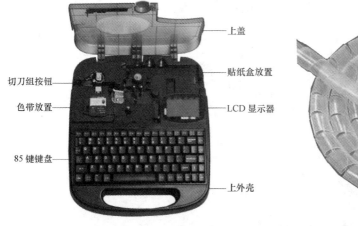

图 3-2-36　线号印字机

图 3-2-37　绕线管

绕线管的两种使用方法：

方法一：从中间部位开始向两端绕转。

1）将胶管（电线、电缆）的中间部位绕转于绕线管的中间部位，从缠绕好的中间部位开始向胶管（电线、电缆）的一端绕转。

2）将胶管（电线、电缆）一端绕完绕线管，以定位在胶管（电线、电缆）接头处为准。定位后将绕线管反转松开，即可随意移动，开始从缠绕好的中间部位向另一端绕转。

3）将绕线管的两头全部缠绕在胶管（电线、电缆）的外部，安装完成。

提示：多根电线、电缆可分支进行安装使用。

方法二：从一端开始向另一端绕转。

1）将胶管（电线、电缆）的其中一端，绕转于绕线管的一端，如图3-2-38所示。

2）定位。定位后，开始向另一端绕转，将绕线管全部绕转在胶管（电线、电缆）的外部，安装完成。

6. 专用工具

（1）剥线钳　如图3-2-39所示，它由刃口、压线口和钳柄组成，是内线电工和电动机修理工、仪器仪表电工常用的工具之一。剥线钳的钳柄上套有额定工作电压为500V的绝缘套管，适用于塑料、橡胶绝缘电线、电缆芯线的剥皮。

图3-2-38　绕线管缠绕方法

操作说明如下：

1）钳头能灵活地开合，并在弹簧的作用下开合自如。

2）刃口在闭合状态下，间隙不大于0.3mm。

图3-2-39　剥线钳

3）剥线钳钳口硬度不低于56HRA或不低于30HRC。

4）剥线钳能顺利剥离线芯直径为0.5~2.5mm导线外部的塑料或橡胶绝缘层。

5）剥线钳的钳柄有足够的抗弯强度，可调式端面剥线钳在承受20N·m载荷试验后，其钳柄的永久变形量不大于1mm。

注意事项：为了不伤及断片周围的人和物，请先确认断片飞溅方向再进行切断。压力调整钮可以调节剥线钳的工作压力，长时间使用后压力变小时，可以调节压力调整钮。

（2）压线钳　本任务中要用到两款压线钳，一种是棒式冷压端子压线钳，另一种是UT型冷压端子压线钳，如图3-2-40所示。

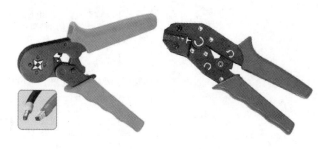

图3-2-40　压线钳

操作说明：实际生产中很多操作者用断线钳作为压线工具，以提高工作效率，这是非常不规范的操作方法。建议采用专业的工具进行操作。

（3）万用表 万用表主要分为数字式和指针式两种，如图 3-2-41 所示。本任务中主要使用万用表对电路的通路、短路、开路和简单电压进行测量。

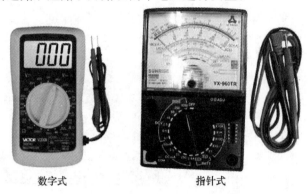

数字式　　　　　　　　　　指针式

图 3-2-41 万用表

【导师有话说】 使用数字式万用表还是使用指针式万用表根据操作者自己的习惯确定，建议选用带有蜂鸣器的万用表，更方便测量线路的"通、断、短"情况。

任务实施

第一步：确定接线方案

电磁阀的端口采用 SCARA 机器人的"3"号输出端口控制。电磁阀电源采用外置 24V 电源，机器人 0V 和外置电源 0V 需要共同接地。

第二步：线路接线

如图 3-2-42 所示，根据接线图实现线路接线。具体操作顺序是：根据各元器件的位置截取对应长度的导线，按照线号方向要求穿入线号管，剥削合适长度的导线，套入冷压端子，用专用工具压接，按接线工艺要求根据接线图接入对应元器件的端子。

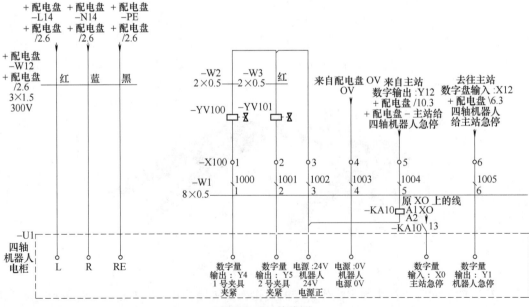

图 3-2-42 接线图

【导师有话说】 当导线的数量超过 3 根以上时，可分步骤，一起完成导线的制作，以提高效率。若同类导线数量少，则采用一根一根的制作方法。当然也可根据个人习惯，完成任务。

第三步：线路的检测

根据接线图，利用万用表对线路进行通路、短路和开路进行检测，见表 3-2-3。

表 3-2-3　线路的检测

序号	检 测 内 容	结　　果
1	电源 24V 短路检查	合格（　） 不合格（　）
2	系统共地检查	合格（　） 不合格（　）
3	输入信号线是否开路、混接	合格（　） 不合格（　）
4	输出信号线是否开路、混接	合格（　） 不合格（　）
5	接线端子是否牢靠	合格（　） 不合格（　）
6	接线是否错接	合格（　） 不合格（　）

第四步：通电测试

接通机器人电源，通过示教器 I/O 界面控制 I/O 端口的输出，观察电磁阀的动作是否满足要求。

【导师有话说】 在竞赛项目中，往往不允许进行通电测试，这就要求接线的正确性和万用表测试的正确性。

第五步：导线的固定与工艺整理

导线的布线工艺和气路的布线工艺大同小异。需要注意的是型材板上的电缆和气管必须分开绑扎。

第六步：整理现场

 **任务评价**

序号	评分内容	扣分要求	配分	得分
1	按钮接线完毕	漏接 1 处扣 1 分，不符合电气规范 1 处扣 0.5 分，扣完为止	4	
2	按钮公共端接 0V	错接或不符合电气规范扣 0.5 分	3	
3	指示灯接线完毕	漏接 1 处扣 1 分，扣完为止	5	
4	指示灯公共端接 24V	错接或不符合电气规范扣 0.5 分	3	
5	电磁阀接线完毕	漏接 1 处扣 1 分，扣完为止	4	
6	电磁阀公共端接 0V	错接或不符合电气规范扣 0.5 分	3	
7	气缸磁性开关接线完毕	漏接 1 处扣 1 分，扣完为止	3	
8	机器人硬接线急停接线完毕	漏接 1 处扣 0.5 分，扣完为止	1	
9	线号方向一致	1 处反向扣 0.5，扣完为止	5	
10	线束捆扎美观	扎带距离不均匀扣 1 分，扎带头不大于 1mm，每处 0.5 分，扣完为止	5	
11	槽盖覆盖整齐	漏盖 1 处扣 1 分，扣完为止	5	

【导师有话说】 只有善于总结，才会有更高的进步，现在整理一下思路小结一下吧！

_____

_____

_____

_____

子任务四　四轴机器人的编程与点位示教

任务目标

1. 掌握四轴机器人坐标系。
2. 掌握四轴机器人的编程方法。
3. 掌握四轴机器人的点位示教方法。

任务准备

机器人编程：为使机器人完成某种任务而设置的动作顺序描述。示教是机器人编程的一种重要方式，即预先设置好机器人要达到的位置，以指令描述出来。

编程主要实现位置到位置的顺序动作，而位置是在三维空间的描述，要想搞清楚位置，必须建立坐标系的概念。

1. 四轴机器人坐标系

四轴机器人坐标系主要有关节坐标系、基坐标系、工具坐标系和用户坐标系四种形式。它们之间的主要区别是选择的参考点不一样。

（1）关节坐标系　关节坐标系是以机器人的各关节为参考点的坐标系，存在于机器人各关节处，如图3-2-43所示。

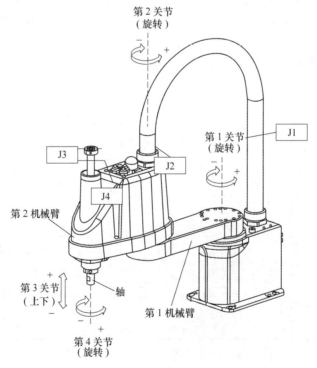

图3-2-43　关节坐标系

注意：在关节坐标系下，每个轴的位置是以角度的形式来表示的。

（2）基坐标系　基坐标系也称为机器人坐标系，一般是以机器人的基座为参考点的坐标系，并存在于机器人根部，如图 3-2-44 所示。

基坐标系是笛卡尔类型的坐标系，后面提到的工具坐标系、用户坐标系也是这一类型。它们的一个共性就是符合右手定则，即可先确定 X 和 Z 方向，再由右手定则确定 Y 方向，如图 3-2-45 所示。

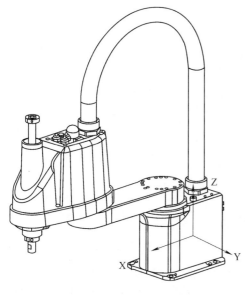

图 3-2-44　基坐标系

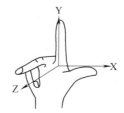

图 3-2-45　右手定则

【导师有话说】　需要熟练掌握笛卡尔坐标系及右手定则，因为很多时候，坐标系不一定是水平于地面的，可能会把机器人垂直安装或吊装，其坐标系不变，但坐标方向将随之发生变化。

（3）工具坐标系　工具坐标系是附着于工具上以工具作为参考点的坐标系，一般取工具末端点作为工具坐标系原点，方向可自由定义，如图 3-2-46 所示。

在 InoTeachPad 示教器中，最多可定义 16 个工具坐标系。其中工具 0 固定为不使用工具，此时工具坐标系位于机器人本体末端；工具 1~15 可由用户自由定义。

【导师有话说】　在使用工具坐标系时，一般默认选择工具 0，因为工具固定在机器人本体末端，工具的相对位置是固定的，在不更换夹具时可以忽略实际位置坐标信息。若需要建立工具坐标系，请参阅产品说明书学习相关设置方法。

（4）用户坐标系　用户坐标系是用户自定义的坐标系，它以用户定义的点作为参考点，方便加工和操作，一般定义于工件上，如图 3-2-47 所示。

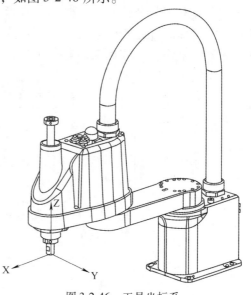

图 3-2-46　工具坐标系

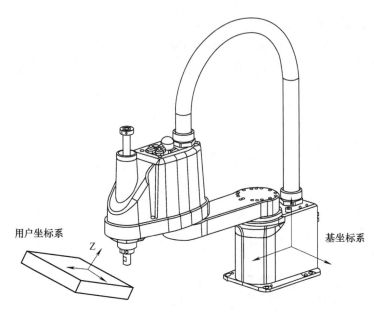

图 3-2-47　用户坐标系和基坐标系

在 InoTeachPad 示教器中，最多可定义 16 个用户坐标系。其中用户 0 固定为不使用额外的用户坐标系，此时用户坐标系与基坐标系重合；用户 1 ~ 15 可由用户自由定义。

【导师有话说】　在使用用户坐标系时，一般默认选择用户 0，因为此时用户坐标系与基坐标系重合，方向仍然以机器人基座根部为参考。当然，如果工件的相对位置和机器人不是相对平行的话，需要建立用户坐标系。

2. 位置描述

在机器人编程时，始终在表示着位置，而位置在坐标系下是怎样表示的呢？

位置一般采用变量的形式表示，简称"位置变量"。它是一个绝对量，以（坐标值）＋（坐标系）＋（工具号）＋（用户号）＋（臂参数）的形式描述。

（1）坐标系与坐标值　机器人取点时用坐标系号 1 ~ 4 表示不同的坐标系。对应不同的坐标系，坐标值的涵义也是不同的。在关节坐标系下，坐标值取关节值（J1，J2，J3，J4），见表 3-2-4。选用其他坐标系，坐标值用"平动（X，Y，Z）＋转动（A）"的形式表达，A 分别表示绕 Z 旋转。

表 3-2-4　不同坐标系下点的坐标值

取点坐标系	坐标系号	坐 标 值	示 例 图
关节坐标系下取点	1	（J1,J2,J3,J4）表示机器人各关节位置（当前关节值相对于关节零点的位置）	

（续）

取点坐标系	坐标系号	坐 标 值	示 例 图
基坐标系下取点	2	（X,Y,Z,A）表示机器人本体末端点相对于基坐标系的位置	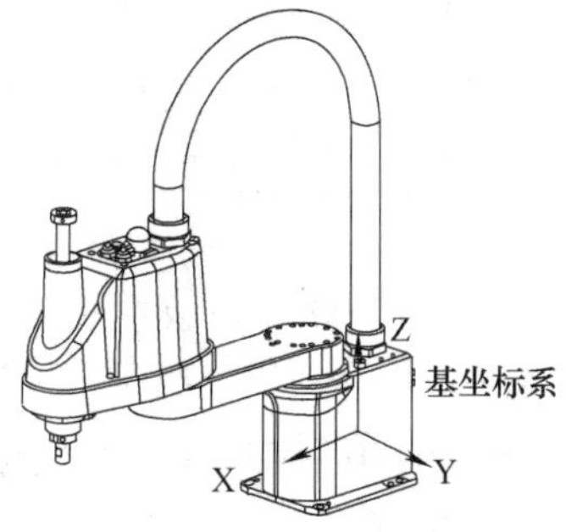
工具坐标系下取点	3	（X,Y,Z,A）表示工具在基坐标系下的位置	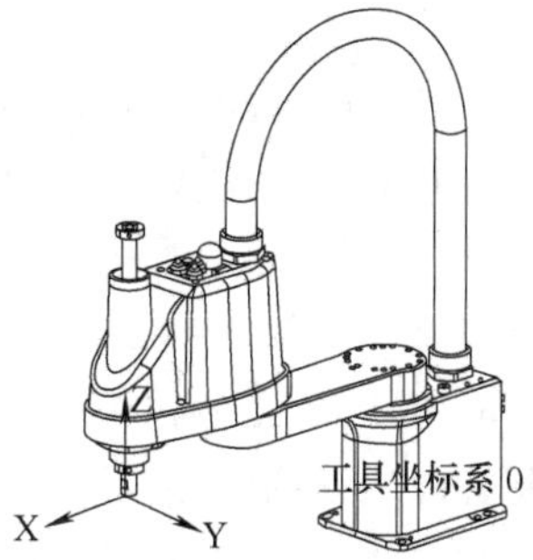
用户坐标系下取点	4	（X,Y,Z,A）表示工具在用户坐标系下的位置	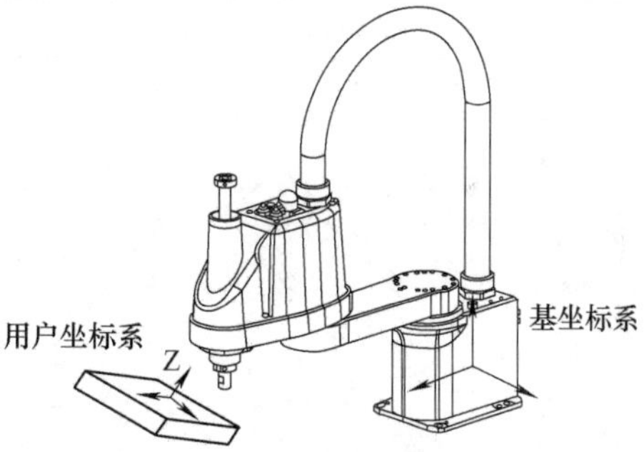

（2）工具号与用户号

1）工具号：机器人保存点时使用的工具序号。

2）用户号：机器人保存点时使用的用户坐标系序号。

在 InoTeachPad 示教器中，最多可定义 16 个工具坐标系和 16 个用户坐标系。工具 0 是系统默认的，表示不采用工具，工具末端点为机器人本体末端；工具 1 ~ 15 为用户定义的工具。用户 0 是系统默认的，表示不采用用户坐标系，此时用户坐标系与基坐标系重合，用户 1 ~ 15 为用户自定义的坐标系。

示例如下：

变量名	J1/X	J2/Y	J3/Z	J4/A	J5/B	J6/C	坐标系	工具号	用户号
P[000]	0.000	0.000	0.000	0.000	−90.000	0.000	1	0	0
P[001]	0.000	0.000	0.000	0.000	−90.000	0.000	1	2	3

（续）

变量名	J1/X	J2/Y	J3/Z	J4/A	J5/B	J6/C	坐标系	工具号	用户号
P[002]	241.000	0.000	175.000	0.000	0.000	0.000	2	2	3
P[003]	241.000	0.000	165.000	0.000	0.000	0.000	3	2	3
P[004]	141.000	0.000	165.000	0.000	0.000	0.000	4	2	3

位置变量名 P[000] 表示在关节坐标系下取的点，当时所采用的工具号为 0，用户号为 0。

位置变量 P[001] 表示在关节坐标系下取的点，当时所采用的工具号为 2，用户号为 3。

位置变量 P[002] 表示在基坐标系下取的点，当时所采用的工具号为 2，用户号为 3。

位置变量 P[003] 表示在工具坐标系下取的点，当时所采用的工具号为 2，用户号为 3。

位置变量 P[004] 表示在用户坐标系下取的点，当时所采用的工具号为 2，用户号为 3。

位置变量 P[001]、P[002]、P[003]、P[004] 可以是空间中同一点，只是取点时选用不同的坐标系。

（3）臂参数　机器人控制目标点到达空间同一位置时，机器人可能存在几种不同的手臂姿势。对于 SCARA 工业机器人，只有一个臂参数 1，存在两种取值：+1 和 -1。SCARA 工业机器人的臂参数见表 3-2-5。

表 3-2-5　SCARA 工业机器人的臂参数

-1	1
左手臂	右手臂

【导师有话说】　点位示教时，一般忽略臂参数的设置，因为在示教时臂的当前状态就被记忆为了臂参数。若需改变手臂的弯曲位置而坐标点不变的话，可直接修改臂参数。

注意事项：示教后直接修改臂参数，将会使机器人以另外一种臂姿势到达空间同一点，运动变化很大，这很可能造成危险，需要慎重。

3. 指令与程序

程序是人们告诉机器人如何工作的语言。SCARA 四轴机器人控制器中可容纳 2000 多行指令。

（1）指令

1）插补类型与插补精度：插补是机器人的基本运动形式，复杂的运动指令其实是由一系列插补运动组成的。根据轨迹的不同，分为以下三种插补类型，见表3-2-6。

表3-2-6　插补类型

插补类型	轨　　迹	特　　　点
关节插补（Movj）		点到点的插补，各关节以最快速度运转，是速度最快的插补。运动轨迹不可预见，常用于点焊、运输等场合
直线插补（Movl）		轨迹成直线，常用于轨迹焊接、贴装等场合
圆弧插补（Movc）		轨迹呈圆弧状

注意事项：在执行Movl、Movc时，不允许机器人的臂参数变化。若需要臂参数变化，可插入Movj指令完成姿势过渡。

在实际的连续运动过程中，很多时候运动并不是逐点精确到位，而是圆滑过渡的，因为这样不必频繁启停，可以缩短节拍时间。这些运动的中间点就会表现出轨迹逼近的形式。轨迹逼近的程度称为插补精度。插补精度分为几个等级（如Z0、Z1、Z2、Z3），如图3-2-48所示。

2）运动指令：

①Movj指令

功能：关节插补。

格式：Movj＜参数1＞，＜参数2＞，＜参数3＞，＜参数4＞；

说明：相关参数说明见表3-2-7。

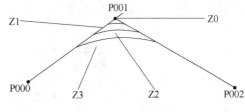

图3-2-48　插补精度

表3-2-7　相关参数说明

参数号	格　　式	说　　　明
参数1	P[***]	目标点。*** 为位置点标号，可用数字直接表示，也用变量B/R/LB/LR间接表示，如P[2]、P[B1]
	Offset（P[***]，PR ***）	以偏移的方式得到的目标点。Offset表示在点P[***]位置偏移PR ***后得到的新位置，也可用LPR ***代替PR ***。P[***]取PE时代表取当前点作为偏移
	Pallet（托盘号、行号、列号、层号）	根据托盘号、行号、列号、层号等信息取托盘上的点
参数2	V[***]	指定机器人的运动速度。*** 是最大限定速度的百分比，取1～100的整数，如V[50]代表50%最大限定速度

（续）

参数号	格　式	说　明
参数3	Z[***]	插补精度等级设置，目前有 Z[0]~Z[5]6 个等级，数字越小精度越高
参数4	User[用户号]	选用的用户坐标系，用户号可取 0~15
	Tool[工具号]	选用的工具，工具号可取 0~15
	Acc[***]	指定机器人的运动速度。*** 是最大加速度的百分比，取 1~100 的整数，如 Acc[50]代表 50% 的最大加速度
	Until IN[输入端口号] == OFF/ON	运动传感指令，表示一直运动到某个输入端口接收到指定信号为止，若一直未触发，则运动到结束点。输入端口号范围为 0~255
	OUT(IO 号，ON/OFF，T[n])	并行 IO 输出指令。T[n] 为时间，范围为 −65535.000~65535.000，单位为秒。运动期间最多 2 个 IO 触发。大于 0 表示开始运动 n 秒后输出信号，小于 0 表示到达运动点之前 n 秒时输出信号

应用案例：在一个程序中，若同一机器人上加持多个工具在工件上进行同一种运动，则只需使用其中一个工具示教。使用其他工具加工时，仅在 Mov 后加对应的刀具号即可。

范例：

START；

Movj　P[1]，V[30]，Z[3]；

Movj　P[1]，V[30]，Z[3]，Tool[2]；

END；

说明：假设定义 P[1]采用坐标系 4，工具号 1，用户号 0，则执行第二条 Movj 指令的效果是使用工具 2，新的 TCP 运动到空间同一位置，如图 3-2-49 所示。

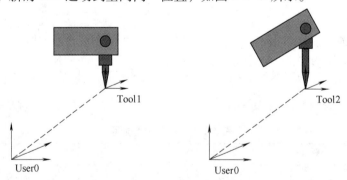

图 3-2-49　应用案例图

注意事项：在 Movj 指令中使用 Tool（工具坐标系），可能造成无谓的运算，使得奇异位置处出现问题。

②Movl 指令

功能：直线插补

格式：Movl <参数 1>，<参数 2>，<参数 3>，<参数 4>；

说明：参数 1~3 的说明见表 3-2-7，参数 4 的说明见表 3-2-8。

表 3-2-8　参数 4 的说明（1）

参数号	格　式	说　明
参数 4	User［用户号］	选用某个用户坐标系，用户号可取 0～15
	Tool［工具号］	选用某个工具，工具号可取 0～15
	Acc［＊＊＊］	指定机器人的运动速度。＊＊＊ 是最大加速度的百分比，取 1～100 的整数，如 Acc［50］代表 50% 的最大加速度
	Until IN［输入端口号］＝＝ OFF/ON	运动传感指令，表示一直运动到某个输入端口接收到指定信号为止，若一直未触发，则运动到结束点。输入端口号范围 0～255
	OUT（IO 号，ON/OFF，T［n］/D［n］/S［n］）	并行 IO 输出指令，可重复使用，同时多个 IO 触发 T［n］为时间，单位为秒，范围为 − 65535.000～65535.000。大于 0 表示开始运动 n 秒后输出信号，小于 0 表示到达运动点之前 n 秒时输出信号 D［n］为路径百分比，范围为 0.000～100.000，表示从开始运动到结束整个路径的 n% 时输出信号 S［n］为距离，单位为毫米，范围为 − 65535.000～65535.000。大于 0 表示从起点开始运动到 n 毫米之后时输出信号，小于 0 表示运动到距终点 n 毫米之前时输出信号

范例：

START；

Movl　P［1］，V［30］，Z［3］；

END；

说明：直线插补运动至 P［1］，运动速度设为 30% 的最大速度，插补精度取 Z［3］。

③Movc 指令

功能：圆弧插补

格式：Movc ＜参数 1＞，＜参数 2＞，＜参数 3＞，＜参数 4＞；

说明：参数 1～3 的说明见表 3-2-7，参数 4 的说明见表 3-2-9。

表 3-2-9　参数 4 的说明（2）

参数号	格　式	说　明
参数 4	User［用户号］	选用某个用户坐标系，用户号可取 0～15
	Tool［工具号］	选用某个工具，工具号可取 0～15
	Acc［＊＊＊］	指定机器人的运动速度。＊＊＊ 是最大加速度的百分比，取 1～100 的整数，如 Acc［50］代表 50% 的最大加速度
	OUT（IO 号，ON/OFF，T［n］/D［n］/S［n］）	并行 IO 输出指令，可重复使用，同时多个 IO 触发 T［n］为时间，单位为秒，范围为 − 65535.000～65535.000。大于 0 表示开始运动 n 秒后输出信号，小于 0 表示到达运动点之前 n 秒时输出信号 D［n］为路径百分比，范围为 0.000～100.000，表示从开始运动到结束整个路径的 n% 时输出信号 S［n］为距离，单位为毫米，范围为 − 65535.000～65535.000。大于 0 表示从起点开始运动到 n 毫米之后时输出信号，小于 0 表示运动到距终点 n 毫米之前时输出信号

注意事项：三点确定一段圆弧，将其分为两段 Movc 指令，因此 Movc 指令必须成对出现。运行时，执行到第二条 Movc 指令时才会进行整个圆弧运动，且 Z［精度］以第一条 Movc 指令为准。

范例：

START；

Movj   P［1］，V［80］，Z［0］；   机器人快速运动至 P［1］位置

Movc   P［2］，V［70］，Z［3］；   机器人运动经过 P［2］点到达 P［3］点，轨迹为圆弧

Movc   P［3］，V［10］，Z［3］；

END

④Jump 指令

功能：跳跃指令，形成"门"字形轨迹。

格式：Jump <参数 1>，<参数 2>，<参数 3>，<参数 4>；

说明：参数 1~3 的说明见表 3-2-7，参数 4 的说明见表 3-2-10。

表 3-2-10　参数 4 的说明（3）

参数号	格　式	说　明
参数 4（LH、MH、RH 必选，其他可选）	User［用户号］	选用某个用户坐标系，用户号可取 0~15
	Tool［工具号］	选用某个工具，工具号可取 0~15
	Acc［***］	指定机器人的运动速度。*** 是最大加速度的百分比，取 1~100 的整数，如 Acc［50］代表 50% 的最大加速度
	Nwait	暂无作用
	OUT（IO 号，ON/OFF，T［n］）	并行 IO 输出指令，可重复使用，同时多个 IO 触发 T［n］为时间，单位为秒，范围为 −65535.000~65535.000。大于 0 表示开始运动 n 秒后输出信号，小于 0 表示到达运动点之前 n 秒时输出信号
	LH［***］	起始位置处的提升高度，取值范围为 0~2000
	MH［***］	运行过程中最高点相对于基坐标系零点的高度，取值范围为 −2000~2000
	RH［***］	到终止位置的下降高度，取值范围为 0~2000

参数 LH、MH、RH 的含义如图 3-2-50 所示。

注意：Jump 指令仅用于 SCARA 及 DELTA 机器人。

若机器人的基坐标系零点设得高，MH 可能为负值。

在正常情况下，高度参数需满足 MH>初始点高度+LH 且 MH>终止点高度+RH。对于不满足这个条件的非正常设定，可能出现非"门"字形运动，应谨慎使用。

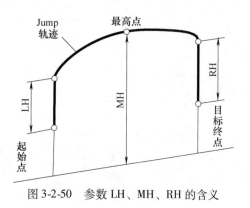

图 3-2-50　参数 LH、MH、RH 的含义

范例：

Jump　P[1],V[30],Z[3],User[1],Tool[1],LH[60],MH[130],RH[60];

Home

功能：回工作原点。

格式：Home [原点号],V[***];

说明：存在三个工作原点，*** 取 0~2。V 为可选参数，代表速度的百分比。

范例：

Home[2]，V[30]；##以 30% 最大速度回工作原点 2（即第三个工作原点）

（2）程序结构

001　START;

002　B0 = 0;

003　While B0 <= 2

004　Movj P[0],V[30],Z[0];

005　Movj P[1],V[30],Z[0];

006　Incr B0;

007　EndWhile;

008　B0 = 8;

009　END;

　　程序的命名由字母、数字或下划线组成，只能用字母开头，且长度不超过 32 位。程序以"START"开始，"END"结束，中间根据需求编写指令行，每个指令段都以";"结尾。大部分指令与 C 语言书写习惯相似，如运算指令、流程控制指令等，简单易懂。

　　在机器人连续运动中，对程序有一个预处理过程。这类能被预处理的指令称为预处理指令，绝大多数指令都为预处理指令。非预处理指令指不会被提前处理的指令，只有 3 类：WAIT、Set 系列、包含信号判断的 If 条件指令。程序会预先扫描所有的预处理指令，将其下发至运动缓冲区顺序执行，直至缓冲区满为止。预处理过程会使监控中数据提前变化，但不会影响程序的正常运行。当程序第一次执行至第 4 行时监控中就已经显示 B0 = 2，等到第三次执行至第 4 行时监控中显示 B0 = 8，整个显示好似超前了一样，然而程序本身还是会以正确的逻辑运行。

4. 示教器

（1）操作界面（图 3-2-51）

图 3-2-51　操作界面

（2）按键的操作说明（见表3-2-11）

表 3-2-11　按键操作说明

按　键	按键名称	按键功能
	急停按钮	用于控制机器人紧急停止
	自动/手动模式	用于切换机器人自动/手动模式切换
	速度增	速度增加，按下按钮，速度值增1，长时间按下按钮，速度持续上升
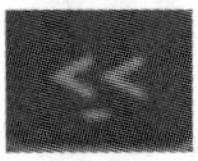	速度减	速度减少，按下按钮，速度值减1，长时间按下按钮，速度持续下降
	外部轴切换	当机器人有外部运动轴时，控制轴按钮切换至外部运动轴
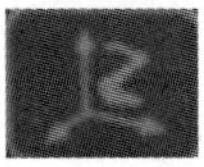	坐标系选择	进行坐标系的切换：关节坐标系、基坐标系、工具坐标系、用户坐标系
	再现启动/ 手动检查连续运行	自动模式下，选择该按钮，机器人再现运行所选程序；手动模式下，按下该按钮，机器人连续运行，松开按钮，机器人暂停运行
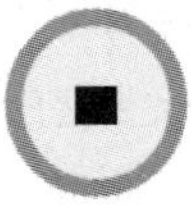	停止	机器人运行时，选择该按钮，机器人停止运行
	前进	手动模式下，程序运行所选择行，光标跳转至下一行
	后退	手动模式下，程序运行所选择行，光标跳转至上一行
	手动运行	在关节坐标系下，控制机器人关节运行 在直角坐标系下，控制机器人在直角坐标系下 X、Y、Z 方向运行

（3）主界面功能介绍　示教软件启动并连接成功后，显示的主界面如图3-2-52所示。

①面板切换栏。通过面板切换栏显示不同的操作面板，包括编程/运行面板、监控面板和设置面板。

②控制工具栏。控制工具栏有4种按钮，分别为用户模式按钮、坐标系切换按钮、速度倍率/寸动选择按钮、轴组切换按钮，见表3-2-12。

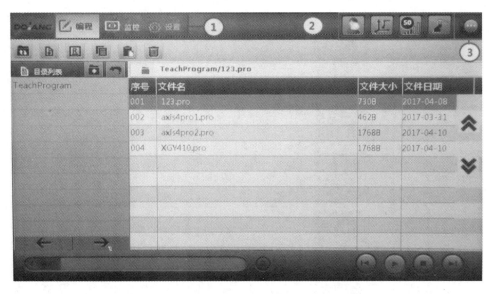

图 3-2-52　主界面

表 3-2-12　控制工具栏按钮

用户模式显示		客户模式
		编辑模式
		管理模式
		厂家模式
坐标系切换按钮		关节坐标系
		基坐标系
		工具坐标系。数字代表选用的工具号
		用户坐标系。数字代表选用的用户号

（续）

速度倍率		设定以速度的5%运行
		设定以速度的25%运行
		设定以速度的50%运行
		设定以速度的100%运行
		返回速度调节倍率
轴组切换按钮		外部摇杆控制的轴组 J1/J2/J3（X/Y/Z）
		外部摇杆控制的轴组 J4/J5/J6（A/B/C）

③状态指示灯。状态指示灯用于指示机器人当前所处的状态，包含伺服使能、待机、急停、报警和断线几种状态，见表3-2-13。注意：只有处于使能状态时机器人才能运动。

表3-2-13　状态指示灯

	伺服使能：此时急停被松开，伺服被使能，可进行示教和再现
	急停状态：急停按钮被按下，机器人不能运动
	待机状态：急停按钮松开，伺服系统尚未使能
	报警状态：出现异常，需要用户处理
	断线状态：网络连接断开，不能与控制器通信

（4）编程面板介绍　编程/运行面板如图 3-2-53 所示，面板左侧标号②部分为文件夹列表，右侧标号③部分为程序文件列表，上方标号①部分为文件编辑工具栏。

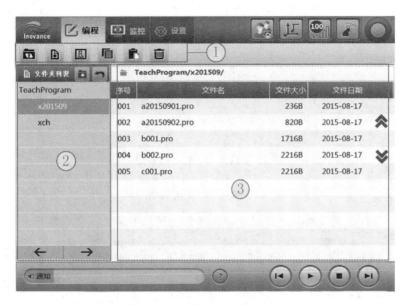

图 3-2-53　编程/运行面板

文件编辑工具栏：通过文件操作工具栏中的工具可新建、删除程序文件，也可对已有的文件进行复制粘贴，双击程序列表中的文件名可以将其打开。

单击新建按钮创建一个新的程序文件，弹出的窗口如图 3-2-54 所示。

在文件名文本框中输入程序文件的名称，文件名只能由字母、数字以及下划线组成，且首位必须为字母，长度不得超过 32 个字符。输入文件名后单击"确定"完成文件创建，双击文件名称进入程序编辑面板。

文件夹列表：显示全部文件夹，使用文件夹便于对程序进行分类管理，每个文件夹中可包含多个程序文件。单击"新建"可新建一个文件夹，单击某个文件夹可显示该文件夹下的程序列表，双击可进入该文件夹，单击"返回"按钮退出当前文件夹，如图 3-2-55 所示。文件夹名称要求与程序名类似，只能由字母、数字以及下划线组成，且首位必须为字母，但长度限定为 16 个字符。文件夹最多嵌套三层。

图 3-2-54　新建文件窗口

图 3-2-55　文件夹列表

5. 点位的示教方法

指令编辑器提供了机器人编程所需的全部指令以及语法格式，免去使用键盘输入的麻烦，降低用户的开发难度。文档以下面的为例，讲解示教编程过程。

任务描述：如图 3-2-56 所示，P[0]、P[1]、P[2] 是空间中的三个点，要使机器人末端完成的轨迹是 P[0]-P[1]-P[2]-P[1]-P[2]-P[1]-P[0]。

首先通过示教的方法将机器人末端移动到 P[0] 点，在程序编辑工具条中点击"添加"按钮弹出指令编辑器界面，如图 3-2-57 所示。图中右边部分给出了常用指令，左边部分对指令进行了分类，点击指令类别按钮，右边将显示该类型的全部指令。

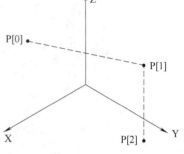

图 3-2-56　点位的示教方法

图 3-2-57　指令编辑器界面

当单击某个指令时，将显示该指令的语法结构和参数列表，此处选择"运动指令" -> "Movl"，显示的界面如图 3-2-58 所示。

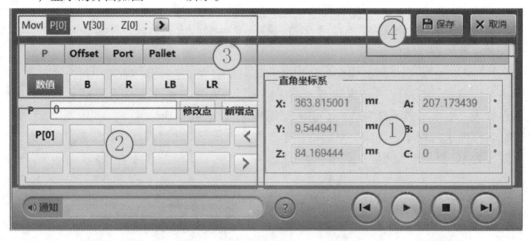

图 3-2-58　指令的语法结构和参数列表

通过 Movl 指令将机器人移动到期望位置点，完成该指令的编辑需要以下四步：

第一步：示教期望位置

通过示教将机器人移动到期望的点 P[0]（上文已完成），图中框①显示了机器人当前位置的坐标。

第二步：添加位置点变量

图中框②部分可添加/修改位置点变量，点击"新增点"当前位置点 P[0] 被保存为新的位置变量；选中某个已有的位置变量后点击"修改点"，位置变量更新为当前位置数据。

注意：在非关节坐标系下取奇异点会出现报错！

第三步：指令参数编辑

如图中框③所示，指令列表已经给出，用户只需修改参数值，"[ ]"内为用户可修改的参数值，参数值可以是数值或变量。

第四步：插入指令

单击框④中的保存，编辑的指令被插入到当前行的下一行，如图 3-2-59 所示。

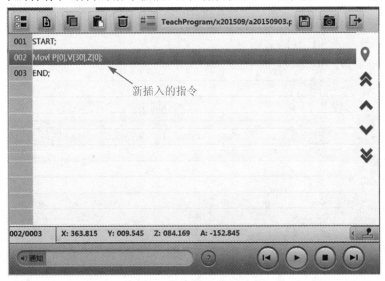

图 3-2-59 插入编辑指令

执行图中指令机器人可实现从当前位置运动到 P[0] 点的任务。指令体系如图 3-2-60 所示。

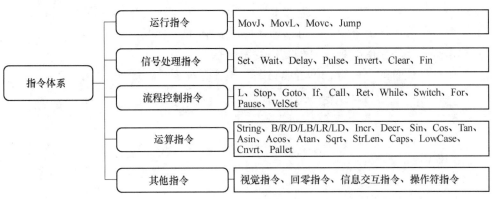

图 3-2-60 指令体系

编写程序时不但需要插入新的指令，还需要对已有的指令进行编辑操作，通过编辑工具可实现编辑操作，编辑工具条如图 3-2-61 所示。

多选：点击该按钮后，程序行号前出现多选框，可以选中多行程序。

添加：添加一条新的运动指令，点击该按钮后出现指令编辑器窗口。在指令编辑器中选择、编辑要插入的指令。

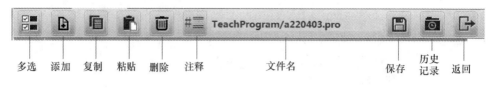

TeachProgram/a220403.pro
多选
添加
复制
粘贴
删除
注释
文件名
保存
历史记录
返回

图 3-2-61　编辑工具条

复制：复制选中的一条或多条指令。

粘贴：将复制的指令插入到当前行的下一行。

注释：注释掉一条语句，使得该语句无效，对已注释的语句施放会取消注释。

保存：将程序指令保存到机器人控制器中。

历史记录：显示最近打开的文档。

返回：返回到程序列表面板。

第五步：添加运动指令

接着操作添加到达 P［1］点和 P［2］点的运动指令，如图 3-2-62 所示。

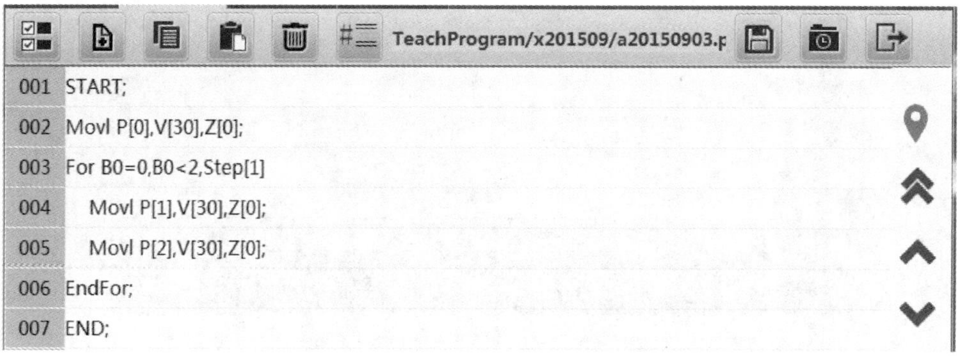
TeachProgram/x201509/a20150903.p
001 START;
002 Movl P[0],V[30],Z[0];
003 For B0=0,B0<2,Step[1]
004 Movl P[1],V[30],Z[0];
005 Movl P[2],V[30],Z[0];
006 EndFor;
007 END;

图 3-2-62　添加到达 P［1］点和 P［2］点的运动指令

任务中机器人需要从 P［2］点返回 P［1］点，指令与上图中第 4 行指令相同，最后回到 P［0］点，与第 2 行指令相同，可以选择使用复制/粘贴工具。

1）单击选中要复制的指令，单击复“复制”按钮。

2）选中粘贴位置的上一行，单击“粘贴”按钮，如图 3-2-63 所示。

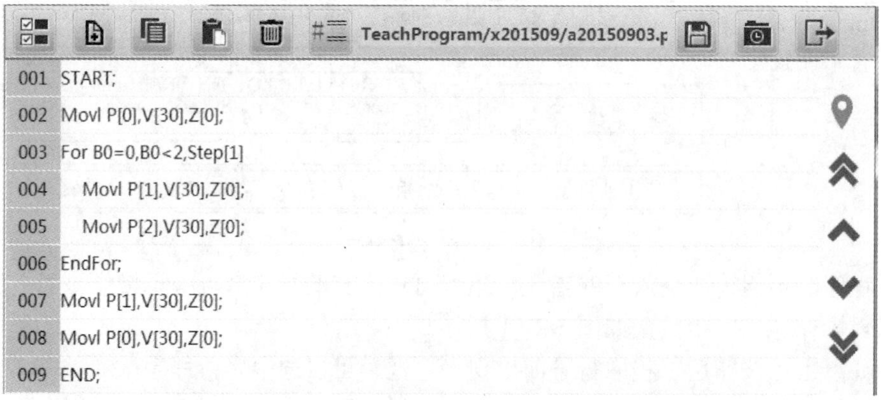
TeachProgram/x201509/a20150903.p
001 START;
002 Movl P[0],V[30],Z[0];
003 For B0=0,B0<2,Step[1]
004 Movl P[1],V[30],Z[0];
005 Movl P[2],V[30],Z[0];
006 EndFor;
007 Movl P[1],V[30],Z[0];
008 Movl P[0],V[30],Z[0];
009 END;

图 3-2-63　从 P［2］点返回 P［1］点的运动指令（1）

程序中使用了循环语句，如果不使用循环，可将三行指令复制，此时需要用到多选，单击"多选"按钮，行号前出现多选框，此时可选中多行指令，如图3-2-64所示。

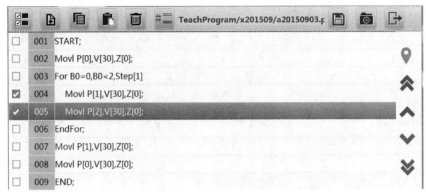

图 3-2-64　从 P〔2〕点返回 P〔1〕点的运动指令（2）

选中后进行复制/粘贴操作，并将 For 指令去掉，也可实现任务中的运动轨迹，如图 3-2-65 所示。

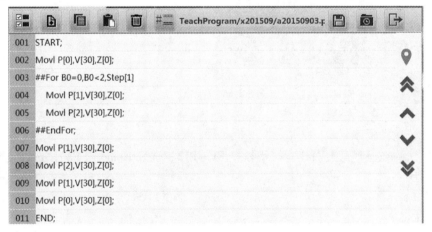

图 3-2-65　任务运动轨迹

编辑完成后保存程序。

6. 安全防护用具

安全帽是用来保护头顶而戴的钢制或类似原料制的浅圆顶帽子，防止冲击物伤害头部的防护用品。由帽壳、帽衬、下颏带和后箍组成。帽壳呈半球形，坚固、光滑并有一定弹性，打击物的冲击和穿刺动能主要由帽壳承受。帽壳和帽衬之间留有一定空间，可缓冲、分散瞬时冲击力，从而避免或减轻对头部的直接伤害。

注意：在移动机器人或点位示教时，必须佩带标准的、合适的安全帽进行操作，避免造成伤害。

 任务实施

第一步：根据任务要求进行程序设计

根据任务需求，需要将原料托架上的 12 个按钮帽搬运到装配台的工位上，需要示教学习 14 个位置变量（见图 3-2-66），即 12 个按钮帽位置，1 个装配位置，1 个 home 点。程序设计采用 Jump 跳跃指令，形成"门"字形轨迹，每一次搬运停顿 2s（手动取料时间，安全起见可将时间适当延长），手动将装配台的按钮帽取出。依次采用 Jump 指令完成 12 个按钮帽的搬运。

注意：每次机器人放置到位后，应及时拿走按钮帽，以免下次放置时发生碰撞，并注意操作安全。

【导师有话说】　示教 14 个位置变量和 20 多个 Jump 指令编程来完成任务是为了练习点位示教和程序的编辑的方法和效率，初学者不要采用托盘指令、逻辑循环程序完成任务，先夯实基本功。

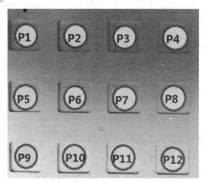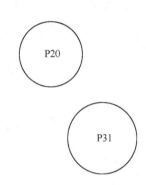

图 3-2-66　示教位置

第二步：建立程序

操作方法：在原料盘上面建立好示教点 P1 ~ P12，选好 Home 点 P20，选好装配点 P31。

示例程序：

程序名称：A001

001：START;

002：Velset[30];

003：Jump P[20],V[30],Z[0],LH[20],MH[0],RH[20];

004：Set Out[3],OFF;

005：Jump P[1],V[30],Z[0],LH[20],MH[0],RH[20];

006：Set Out[3],ON;

007：Jump P[31],V[30],Z[0],LH[20],MH[0],RH[20];

008：Set Out[3],OFF;

009：Jump P[20],V[30],Z[0],LH[20],MH[0],RH[20];

010：Delay T[2];

011：Jump P[2],V[30],Z[0],LH[20],MH[0],RH[20];

012：Set Out[3],ON;

013：Jump P[31],V[30],Z[0],LH[20],MH[0],RH[20];

014：Set Out[3],OFF;

015: Jump P[20],V[30],Z[0],LH[20],MH[0],RH[20];

016: Delay T[2];

017: Jump P[3],V[30],Z[0],LH[20],MH[0],RH[20];

018: Set Out[3],ON;

019: Jump P[31],V[30],Z[0],LH[20],MH[0],RH[20];

020: Set Out[3],OFF;

021: Jump P[20],V[30],Z[0],LH[20],MH[0],RH[20];

022: Delay T[2];

023: Jump P[4],V[30],Z[0],LH[20],MH[0],RH[20];

024: Set Out[3],ON;

025: Jump P[31],V[30],Z[0],LH[20],MH[0],RH[20];

026: Set Out[3],OFF;

027: Jump P[20],V[30],Z[0],LH[20],MH[0],RH[20];

028: Delay T[2];

029: Jump P[5],V[30],Z[0],LH[20],MH[0],RH[20];

030: Set Out[3],ON;

031: Jump P[31],V[30],Z[0],LH[20],MH[0],RH[20];

032: Set Out[3],OFF;

033: Jump P[20],V[30],Z[0],LH[20],MH[0],RH[20];

034: Delay T[2];

035: Jump P[6],V[30],Z[0],LH[20],MH[0],RH[20];

036: Set Out[3],ON;

037: Jump P[31],V[30],Z[0],LH[20],MH[0],RH[20];

038: Set Out[3],OFF;

039: Jump P[20],V[30],Z[0],LH[20],MH[0],RH[20];

040: Delay T[2];

041: Jump P[7],V[30],Z[0],LH[20],MH[0],RH[20];

042: Set Out[3],ON;

043: Jump P[31],V[30],Z[0],LH[20],MH[0],RH[20];

044: Set Out[3],OFF;

045: Jump P[20],V[30],Z[0],LH[20],MH[0],RH[20];

046: Delay T[2];

047: Jump P[8],V[30],Z[0],LH[20],MH[0],RH[20];

048: Set Out[3],ON;

049: Jump P[31],V[30],Z[0],LH[20],MH[0],RH[20];

050: Set Out[3],OFF;

051: Jump P[20],V[30],Z[0],LH[20],MH[0],RH[20];

052: Delay T[2];

053: Jump P[9],V[30],Z[0],LH[20],MH[0],RH[20];

054：Set Out[3],ON;

055：Jump P[31],V[30],Z[0],LH[20],MH[0],RH[20];

056：Set Out[3],OFF;

057：Jump P[20],V[30],Z[0],LH[20],MH[0],RH[20];

058：Delay T[2];

059：Jump P[10],V[30],Z[0],LH[20],MH[0],RH[20];

060：Set Out[3],ON;

061：Jump P[31],V[30],Z[0],LH[20],MH[0],RH[20];

062：Set Out[5],OFF;

063：Jump P[20],V[30],Z[0],LH[20],MH[0],RH[20];

064：Delay T[2];

065：Jump P[11],V[30],Z[0],LH[20],MH[0],RH[20];

066：Set Out[5],ON;

067：Jump P[31],V[30],Z[0],LH[20],MH[0],RH[20];

068：Set Out[5],OFF;

069：Jump P[20],V[30],Z[0],LH[20],MH[0],RH[20];

070：Delay T[2];

071：Jump P[12],V[30],Z[0],LH[20],MH[0],RH[20];

072：Set Out[3],ON;

073：Jump P[31],V[30],Z[0],LH[20],MH[0],RH[20];

074：Set Out[3],OFF;

075：Jump P[20],V[30],Z[0],LH[20],MH[0],RH[20];

076：Delay T[2];

077：END;

第三步：点位示教

点位示教时遵循由远及近、依次示教，示教时将机器人的速度调制25%以下运行，注意示教时路径规划，避开机器人奇异点及极限，保证所有的点位在机器人的运动范围内示教，示教完成后，先手动运行一遍，以确保示教点示教正确、规划的路径没有碰撞及干扰现象，如发现示教点不正确及路径不合适及时纠正，发现一处纠正一处，直至运行所有示教点确认无误后再移至下一步骤调试。

【导师有话说】

输入例行程序，在手动模式下操作机器人运行到选好的位置点，点击程序中对应的示教点P*，修改示教点的位置坐标。修改示教点后一定要进行程序保存，否则示教的点无效。

第四步：单步运行

操作方法：模式开关选择为手动模式，手动模式下，按下"⊙"图标，程序运行所选择行，光标跳转至下一行，松开"⊙"图标，再次按下"⊙"图标，单步执行下一程序行。

注意事项：单步运行时注意运行中各步转移条件及完成情况，如若条件不满足无法运行，仔细查找原因并及时纠正。纠正时不能边运行边修改，一定先退出机器人使能状态，方可进入工作区域纠正问题。

第五步：连续运行

操作方法：首先在手动模式下，按下示教器"⊙"速度减少按键，将速度设定为10%，然后模式开关选择为自动模式，自动模式下，按下"▶"图标，程序从上往下自动运行，直至程序结束为止。

注意事项：连续运行时，时刻注意机器人附近有无人员走动，发现有人经过及时提醒；注意机器人动作是否到位，工件是否放置到位，在运行过程中如发现问题一定要先停止机器，将自动模式改为手动模式，并确认机器人不在使能状态后，方可进入工作区域纠正问题。

第六步：整理现场

清洁整理现场将剩余材料归还、产生垃圾回收、工具放回工具箱、卫生清扫。

任务评价

序号	评分内容	扣分要求	配分	自评得分	互评得分
1	人身防护用具穿戴齐全	袖口散口、出现身份信息，每一项扣2分。未穿绝缘鞋扣3分，戴手套扣3分	10		
2	现场环境卫生清洁无杂物	出现一处扣2分，扣完为止	10		
3	通电前安全测试	由于短路或漏电情况跳闸，此项不得分	10		
4	机器人在安全区域运行	出现碰撞现象一次扣2分，扣完为止	20		
5	SCARA机器人手动单步运行	示教器单步操作机器人能够将按钮帽放到装配台指定位置，放错，工件漏抓一个扣5分，扣完为止	20		
6	SCARA机器人自动连续运行	自动运行，四轴机器人将零件放入装配台指定位置，无卡顿、异响，出现一次扣5分，扣完为止	30		

【导师有话说】　只有善于总结，才会有更高的进步，现在整理一下思路小结一下吧！

子任务五　系统优化

任务目标

1. 掌握四轴机器人托盘指令的运用。
2. 掌握四轴机器人的路径优化。
3. 掌握四轴机器人的速度控制。

任务准备

1. 托盘指令

（1）Pallet

功能：设定简单托盘上的点，与 P = Pallet 配合使用，常用于码垛、搬运操作。

它的工作原理是以输入的三个点为依据，创建托盘边界并根据行数、列数、层数、层高设定托盘模型，以后则只需根据行、列、层等信息，运动到托盘上的指定位置。

格式：Pallet 托盘号，P[i]，P[j]，P[k]，行数，列数，层数，层高；

说明：托盘号范围为 0 ~ 255。行数、列数、层数的取值范围为 0 ~ 255，层高单位是 mm。

以 P[i]，P[j]，P[k]数值构成平行四边形，成为托盘的"边界点"。P[i]指定托盘上第一个点，P[j]与 P[i]的连线指定托盘的行方向，P[k]与 P[i]的连线指定托盘的列方向。

范例（见图 3-2-67）：Pallet 1，P[1]，P[2]，P[3]，2，3，1，15；

（2）P = Pallet

功能：取托盘上的点，与 Pallet 配合使用，常用于码垛、搬运操作。

格式：P[***] = Pallet(托盘号，行号，列号，层号)；

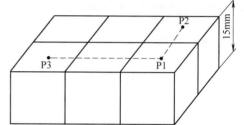

图 3-2-67　托盘指令范例

说明：根据托盘号选定托盘，按行号、列号、层号运动到指定位置。注意行、列、层号是从 0 开始计数的。

范例：P[***] = Pallet(1，1，1，0)；

2. 设置指令 Velset

功能：速度设置。

格式：Velset 　　***/Rate[***]/OFF；

其中，Rate[***]表示设置为指令速度的百分比。

说明：

①Velset ***：设置全局固定速度。该指令为模态指令，一经设置便一直生效，程序执行时会无视运动指令后面的 V 参数，恒以最大速度的百分比，直至遇到 Velset OFF。***范围为 1 ~ 100。

②Velset Rate[***]：设置全局比率速度。该指令为模态指令，一经设置便一直生效，与其他运动指令的速度作乘法，直至遇到 Velset OFF。***范围为 1 ~ 100。

③Velset OFF：取消全局速度设置。

范例：

START；

Velset[30]；

Movj P[1]，V[40]，Z[3]；　　　　　　　##实际速度 V[30]

Velset OFF；

Velset Rate[50]；

Movj P[2]，V[70]，Z[3]；   ##实际速度 V[35]

Velset OFF；

END；

3. 程序变量循环指令

（1）L-Goto

功能：L 用于设置程序标签，常与跳转指令 Goto 配合使用，完成跳转动作。

格式：

L[标号]：   ##不能重复

……

Goto L[标签号]；

范例：

START；

Movj P[0]，V[30]，Z[3]；

L[1]：   ##设置标签 1

Movl P[1]，V[30]，Z[3]；

Movl P[0]，V[30]，Z[3]；

Goto L[1]；   ##跳转至标签 1

END；

说明：先运行至 P[0]位置，然后在 P[0]与 P[1]两点间往复运动。

（2）If-Else-EndIf

功能：条件判断。

格式：

If <条件>

  语句 1；

Else

  语句 2；

EndIf；

说明：如满足条件则执行语句 1，否则执行语句 2。其中 <条件> 内容可为变量与数字的大小判断、变量与变量的大小判断、输入信号的 ON/OFF 判断三种形式。

注意事项：语句 1、2 既可为一行指令，也可为数行指令；Else 可缺省；EndIf 作为段落的结束不可缺少。

范例 1：

START；

B0 = 1；

B1 = 2；

If B0 > B1

  Movl P[1]，V[50]，Z[3]；

EndIf；

End；

说明：程序中因不满足条件，不执行 Movl 运动。

范例 2：

```
START;
If IN[1] == OFF;
    Movj P[1], V[50], Z[3];
Else
    Movj P[2], V[50], Z[3];
Movj P[3], V[50], Z[3];
EndIf;
End;
```

说明：判断端口 In[1] 的信号是否为 OFF，若是则运行到位置 1；否则先运行到位置 2，再运行到位置 3。

（3）While-EndWhile

功能：指定条件的循环。

格式：

```
While <条件>
    <语句1>;
    ……;
EndWhile;
```

说明：条件循环语句，若满足条件，则执行 While 与 EndWhile 之间的语句，完成后再转入条件判断，往复循环，直到不满足条件时跳出。一般的，<条件> 的格式为"左操作数操作符右操作数"，左操作数取 B/R/LB/LR 变量，右操作数取另一个变量或数字，如"LB[0] <3"。

范例：

```
START;
Movj P[1], V[50], Z[3];
While LB[0] <3
    Movj P[2], V[50], Z[3];
Movj P[1], V[50], Z[3];
Incr LB[0];
EndWhile;
End;
```

说明：上述运行指令的循环次数为 3，整段程序在 P[1]、P[2] 之间来回运动三次。

（4）For-EndFor

功能：带执行次数的循环语句。

格式：

```
For <赋值表达式>, <条件表达式>, Step[步长]
    <语句>;
EndFor;
```

说明：先执行＜赋值表达式＞，再判断＜条件表达式＞，若满足条件则执行 For 与 End-For 之间的内容，执行完成一次后，执行"Step［步长］"，赋值表达式中定义的变量自增，再判断＜条件表达式＞，若满足则继续刚才的步骤，直至＜条件表达式＞不成立时跳出。赋值表达式指 B/R/LB/LR 变量的赋初始值，条件表达式指对应 B/R/LB/LR 变量的条件判断表达式，步长指对应 B/R/LB/LR 变量每一次运行的增量，增量取值范围为 -65536～65535 以内的整数。

范例：

For B0 = 0，B0 < 5，Step［2］

Movj P［2］，V［50］，Z［3］；

Movj P［3］，V［50］，Z［3］；

EndFor；

说明：两个 Movj 指令循环执行三次。

 任务实施

第一步：程序结构设计

工作流程如图 3-2-68 所示。

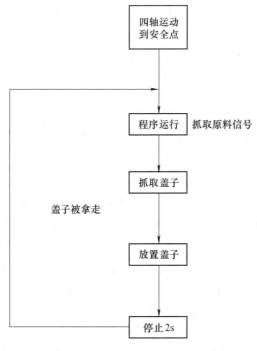

图 3-2-68 工作流程

第二步：程序编写

001：START；

002：##32768 dizhi bianliang

003：Set Out［3］,OFF；

004：Pallet 1,P［0］,P［1］,P［2］,3,4,1,0；

005：B0 = 10；

006：B4 = 0；

007：B5 = 0；

008：##50000 dizhi bianliang

009：Jump P[12]，V[30]，Z[0]，LH[30]，MH[-1]，RH[30]；

010：For B4 = 0，B4 < 3，Step[1]

011：For B5 = 0，B5 < 4，Step[1]

012：P[B0] = Pallet(1，B4，B5，0)；

013：Jump P[B0]，V[30]，Z[0]，LH[80]，MH[-1]，RH[80]；

014：WaitInPos；

015：Set Out[3]，ON；

016：Delay T[0.5]；

017：Jump P[20]，V[30]，Z[0]，LH[80]，MH[-1]，RH[80]；

018：WaitInPos；

019：Set Out[3]，OFF；

020：Delay T[2]；

021：Jump P[12]，V[30]，Z[0]，LH[30]，MH[-1]，RH[30]；

022：WaitInPos；

023：EndFor；

024：EndFor；

025：END；

第三步：点位示教

参考子任务四中点位示教方法示教。

第四步：单步运行

参考子任务四中单步运行方法运行程序。

第五步：连续运行

参考子任务四中连续方法运行程序。

第六步：系统优化

程序连续运行一遍确认无误后，先将程序备份；可重新整理一遍程序的编写思路，发现程序中不需要的步骤及条件，删减多余的步骤及条件，优化程序语言及结构，优化后再运行一遍，确认无误后将程序保存，完成任务。

第七步：现场整理

清洁整理现场，归还剩余材料、回收垃圾、工具放回工具箱、打扫卫生。

任务评价

序号	评分内容	扣分标准	配分	得分
1	SCARA 机器人取按钮盖正常	单步运行，四轴机器人将零件放入转盘0°相应的转盘位置，无卡顿、异响，出现一次扣1分，扣完为止	6	
2	SCARA 机器人放按钮盖正常		6	

（续）

序号	评分内容	扣分标准	配分	得分
3	SCARA 机器人放按钮灯正常	自动运行，四轴机器人将零件放入转盘 0° 相应的转盘位置，无卡顿、异响，出现一次扣 1 分，扣完为止	6	
4	SCARA 机器人取按钮灯正常		6	
5	SCARA 机器人运行流畅	每出现一次卡顿扣 1 分，扣完为止	5	
6	SCARA 机器人自动运行上料	缺少一个零件扣 1 分，扣完为止	5	
7	SCARA 机器人夹具选择正常	正常分配大小夹具各得 1 分	2	
8	SCARA 机器人自动连续运行	自动状态下能够接收 PLC 的启动信号，并启动运行即可得分	2	
9	调试过程中出现电路短路故障	视情节严重程度扣 1～4 分	4	
10	调试过程中出现机器人碰撞现象	视情节严重程度扣 1～4 分	4	
11	设备运行效率及稳定性	设备运行稳定，工件抓取及放置无卡顿现象，出现一次扣 1 分，扣完为止	4	
12	安全文明生产	调试过程中正确佩戴安全防护用品的，中途摘下防护用品的，发现一次扣 1 分，扣完为止	4	

【导师有话说】　只有善于总结，才会有更高的进步，现在整理一下思路小结一下吧！

_____

_____

_____

_____

任务二　按钮的装配

任务描述

在"按钮全自动装配检测仓储生产线"中，利用 SCARA 四轴工业机器人实现按钮上料、装配工作。根据用户需求，将放置在托盘架上的按钮零件，按规定要求，采用 SCARA 四轴工业机器人，放置在装配托盘上，并采用 SCARA 四轴工业机器人进行按钮的装配（仅装配按钮盖和按钮底座），要求设计合理的工作路径，安全可靠、高效率地实现按钮的自动装配。

任务目标

1. 掌握按钮装配工艺。
2. 掌握可编程序控制器的编程与使用。
3. 掌握 SCARA 四轴工业机器人与 PLC 通信技术。
4. 掌握二值型传感器的安装与调试。
5. 掌握四轴机器人程序编写及点位示教。

任务准备

1. 按钮装配工艺

【导师有话说】 装配不是简单地将两个或更多零件叠加在一起，而是需要一定的技术规范和工艺要求，如夹具的选择、搬运速度、力矩、角度、安装精度等。装配工艺的任务是根据产品图样、技术要求、验收标准和生产纲领、现有生产条件等原始资料，确定装配组织形式，划分装配单元和装配工序，拟定装配方法，包括规定工序装配技术要求及质量检查方法和工具，确定装配过程中装配件的输送方法及所需设备和工具，提出专用夹具的设计任务书，编制装配工艺规程文件等。该任务为完成塑料按钮的按钮盖和按钮底座的装配。装配时需要将按钮底座固定，用夹具夹紧不能晃动，且力矩不能超过27N·m，防止将按钮底座夹伤或夹坏。装配时注意按钮盖的方向。为提高工作效率，搬运时速度可以较快，而取料和装配时速度不宜过快。

2. 可编程序控制器的使用

该任务需要对输入信号进行运算处理和输出控制，采用汇川（H3U-1616MR-XP）PLC，16 路输入，16 路继电器输出，支持 USB 下载和网络下载。程序根据任务流程编制，采用AutoShop 编程软件编辑并下载，详细方法参见 AutoShop 软件使用手册。

（1）PLC 的工作指示灯（见图 3-2-69）

1）PWR＋BAT：指示灯亮表示 PLC 通电，指示灯灭表示 PLC 未通电。

2）RUN PLC/ERR PLC：RUN 指示灯亮表示 PLC 运行，指示灯灭表示 PLC 处于停止状态；ERR 指示灯亮表示 PLC 运行错误，指示灯灭表示 PLC 无错误。

3）RUN CAN/ERR CAN：RUN 指示灯亮表示 PLC 的 CAN 通信正常，指示灯灭表示无CAN 通信；ERR 指示灯红色闪烁表示 CAN 通信异常，指示灯灭表示 CAN 通信无异常。

4）ETH：黄色指示灯亮表示通信正常，红色灯闪烁表示通信异常。

（2）PLC 的运行和停止操作

1）面板操作：将开关拨到 RUN 指示，PLC 运行；将开关拨到 STOP 指示，PLC 停止，如图 3-2-70 所示。

图 3-2-69　PLC 的工作指示灯

图 3-2-70　面板操作

2）软件操作：在 PLC 和计算机连接后可以通过 AutoShop 软件控制 PLC 的运行和停止，操作时需要注意 PLC 控制对象的状态。

软件中运行与停止 PLC 的操作如图 3-2-71 所示。

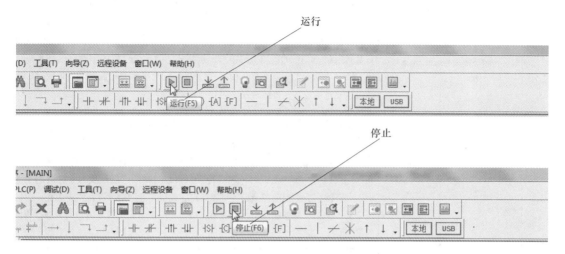

图 3-2-71　软件中运行与停止 PLC 的操作

（3）PLC 的通信接口

1）USB 接口（见图 3-2-72）：用于下载及上传程序，支持在线监控及仿真，但不能用作和其他设备的通信接口，在 PLC 未上电情况下也可用此接口下载程序。

2）RJ45 网络接口（见图 3-2-73）：用于 PLC 和其他设备构成工业以太网通信交换数据，也可用于下载程序。

图 3-2-72　USB 接口

图 3-2-73　RJ45 网络接口

3. 工业机器人与 PLC 通信技术

通信技术是指采用工业通信模式完成控制器之间、设备之间的信息交互。常用的工业通信协议见表 3-2-14。

表 3-2-14　常用的工业通信协议

序号	通信名称	通信协议	应　　用
1	CANLink CANOpen	CANBUS	控制器局域网（CAN）为串行通信协议，能有效支持具有很高安全等级的分布实时控制。CAN 的应用范围很广，从高速网络到低价位的多路接线都可以使用 CAN。在汽车电子行业里，使用 CAN 连接发动机电子控制单元、传感器、制动防抱死系统等，其传输速度可达 1 Mbit/s
2	Modbus TCP	Modbus	全球第一个真正用于工业现场的总线协议。Modbus 网络是一个工业通信系统，由带智能终端的可编程序控制器和计算机通过公用线路或局部专用线路连接而成。而且是应用于电子控制器上的一种通用语言。通过此协议，控制器之间、控制器经由网络（例如以太网）和其他设备可以通信。它已经成为一种通用工业标准。不同厂商生产的控制设备可以通过它连成工业网络，进行集中监控。此协议定义了一个控制器能认识使用的消息结构，不论它们是经过何种网络进行通信的
3	PROFIBUS-DP . PROFIBUS—PA	PROFIBUS	它是一种国际化、开放式、不依赖于设备生产商的现场总线标准。PROFIBUS 传送速度在可造范围内且当总线系统启动时，所有连接到总线上的装置应该被设成相同的速度。它广泛应用于制造业自动化、流程工业自动化和楼宇、交通电力等自动化领域

本任务选择 Modbus TCP 通信形式，其网络拓扑结构如图 3-2-74 所示。

（1）IP 地址的设置　选择 PLC 通信配置中"以太网配置"的"自定义"选项，同时设置 IP 地址为 192.168.1.16，并通过 USB 下载线将程序下载到 PLC 中，如图 3-2-75 所示。

（2）通信参数的设置　机器人中的预留用户区，专门用于通信使用，其中 R224，R225，R226，R227 为机器人接受 PLC 信号的寄存器，R2 为机器人反馈给 PLC 的寄存器。

例如：编写通信程序，将 PLC 中 D200，D201，D202，D203 的值分别赋给 R224，R225，R226，R227；机器人中 R2 的值赋给 PLC 的 D250 寄存器。

1）修改机器人的 IP 地址为 192.168.1.11，并重启机器人。

2）在 PLC 监控表中，修改 D200 的值，观察 R224 中值的变化，修改 R2 中的值，观察 PLC 中 D250 值的变化。

（3）网线接头的制作　网线水晶接头有两种接法：一种是直连互联法，另一种是交叉互联法，如图 3-2-76、图 3-2-77 所示。

交叉互联法一头采用 568A 标准，一头采用 568B 标准。其中，568A 标准：白绿，绿，白

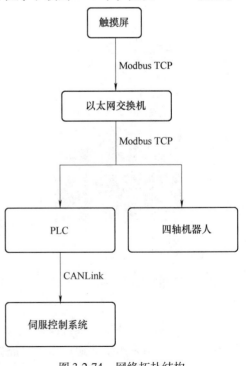

图 3-2-74　网络拓扑结构

橙，蓝，白蓝，橙，白棕，棕；568B标准：白橙，橙，白绿，蓝，白蓝，绿，白棕，棕。

直连互联法两头同为568A标准或568B标准，通常采用568B标准。

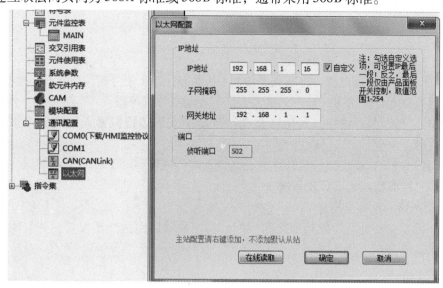

图3-2-75　IP地址的设置

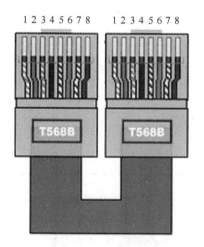

图3-2-76　直连互联法

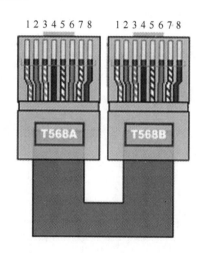

图3-2-77　交叉互联法

【导师有话说】　如果连接的双方地位不对等，则使用直连互联法，例如计算机连接到路由器或交换机。如果连接的两台设备是对等的，则使用交叉互联法，例如计算机连接到计算机都接一样是可以的，因为一般网线用的只有1，2，3，6；其他就算没接通一样都是可以用的。

4. 传感器的使用

【导师有话说】　传感器是用来感知外界的电量和非电量信号的，它能够将这些信号转换成电量信号并传递给运算器和控制器。

该任务用到的是二值型磁性传感器，用于检测装配平台夹具状态。

接线说明：该传感器引出两根导线，分别为棕色和黑色，棕色接+24V，黑色接PLC输入端口。

调试方法：通过调整传感器与磁铁的相对位置，调节传感器的检测点。

任务实施

第一步：方案设计—工艺流程设计

1）开机：设备接通电源，将断路器拨到 ON 状态，按下急停按钮后松开，复位灯闪烁，将四轴机器人打到自动状态并运行，机器人到达安全点位置等待。

2）复位：按下复位按钮，复位灯常亮。自动模式下运行机器人回到安全点，复位灯灭，运行灯闪。

3）运行：按下启动按钮，启动灯常亮，设备运行流程如图 3-2-78 所示。

第二步：控制回路的设计及搭建

1. 气动回路的设计及搭建

该任务需要完成机器人夹具回路和装配台固定夹具回路的气动设计，并完成安装与调试，如图 3-2-79 所示。

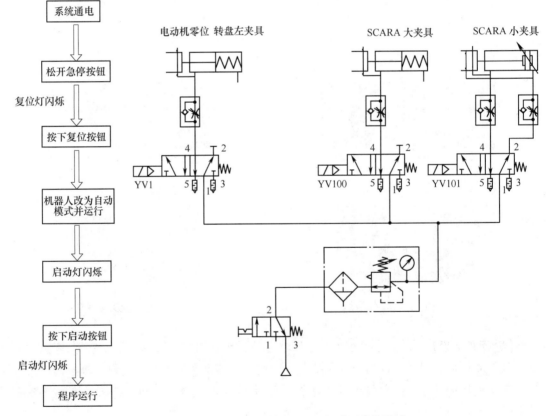

图 3-2-78　设备运行流程　　　　　图 3-2-79　气动回路的设计

安装说明及注意事项如下：

1）各回路安装正确，并动作正常。

2）安装工艺符合气路搭建工艺标准。

3）注意工具的正确使用及操作安全。

2. 电气回路的设计与搭建

该任务需要完成机器人控制回路（见图3-2-42）和PLC控制回路（见图3-2-80）的搭建。机器人的夹具控制由机器人的控制器输出信号进行控制，装配台的控制由PLC控制，输入信号由PLC接收。

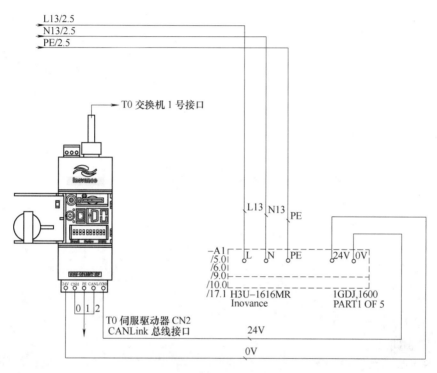

图3-2-80　PLC控制回路

安装说明及注意事项如下：

1）各回路安装正确，并检测有无短路、开路等问题。

2）安装工艺符合电路搭建工艺标准。

3）注意工具的正确使用及操作安全。

3. 通信回路的设计与搭建

SCARA四轴工业机器人与PLC采用Modbus TCP通信形式，其网络拓扑结构如图3-2-81所示。

安装说明及注意事项如下：

1）网线制作规范，满足通信要求。

2）安装工艺符合电路搭建工艺标准。

3）注意工具的正确使用及操作安全。

第三步：程序的设计与编写

1. 机器人程序的设计与编写

1）机器人程序设计如图3-2-82所示。

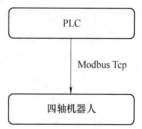

图3-2-81　通信回路
网络拓扑结构

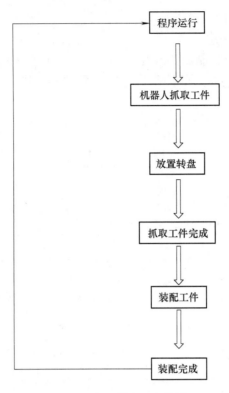

图 3-2-82　机器人程序设计

2）机器人程序编写如下：

001：START；

002：Set Out［3］，OFF；

003：R224 ＝0；

004：R2＝0；

005：Jump P［12］，V［30］，Z［0］，LH［30］，MH［－1］，RH［30］；

006：R2＝1；

007：While R224＜＞1

008：EndWhile；

009：R2＝2；

010：Jump P［13］，V［30］，Z［0］，LH［80］，MH［－1］，RH［80］；

011：Set Out［3］，ON；

012：Delay T［0，2］；

013：Jump P［31］，V［30］，Z［0］，LH［80］，MH［－1］，RH［80］；

014：Set Out［3］，OFF；

015：Jump P［14］，V［30］，Z［0］，LH［80］，MH［－1］，RH［80］；

016：Set Out［3］，ON；

017：Delay T［0.2］；

018：Jump P［32］，V［30］，Z［0］，LH［80］，MH［－1］，RH［80］；

019：R2 = 3；

020：While R224 < > 2；

021：EndWhile；

022：Set Out[3],OFF；

023：Delay T[0.2]；

024：R2 = 4；

025：Jump P[20],V[30],Z[0],LH[30],MH[-1],RH[30]；

026：Set Out[3],ON；

027：Delay T[0.2]；

028：Jump P[21],V[30],Z[0],LH[80],MH[-1],RH[80]；

029：Set Out[3],OFF；

030：Delay T[0.2]；

031：Jump P[22],V[30],Z[0],LH[80],MH[-1],RH[80]；

032：Delay T[0.2]；

033：Jump P[12],V[30],Z[0],LH[80],MH[-1],RH[80]；

034：Delay T[0.2]；

035：Jump P[23],V[30],Z[0],LH[80],MH[-1],RH[80]；

036：Set Out[3],ON；

037：Delay T[0.2]；

038：R2 = 5；

039：While R224 < > 4；

040：EndWhile；

041：Jump P[10],V[30],Z[0],LH[30],MH[-1],RH[30]；

042：Set Out[3],OFF；

043：Delay T[0.2]；

044：Jump P[12],V[30],Z[0],LH[30],MH[-1],RH[30]；

045：WaitInPos；

046：END；

2. PLC 程序的设计与编写

1）PLC 程序设计如图 3-2-83 所示。

2）四轴机器人交换数据程序如图 3-2-84 所示。

第四步：点位示教与传感器调试

点位示教时遵循由远及近、依次示教，示教时将机器人的速度调制 25% 以下运行，注意示教时路径规划，避开机器人奇异点及极限，保证所有的点位在机器人的运动范围内示教，示教完成后，先手动运行一遍，以确保示教点示教正确、规划的路径没有碰撞及干扰现象，如发现示教点不正确及路径不合适及时纠正，发现一处纠正一处，直至运行所有示教点确认无误后再移至下一步骤调试。

传感器调试时，应先松开固定螺栓，调整传感器位置，当气缸夹紧底座时，感应开关指示灯变亮，松开底座时，感应开关指示灯熄灭，将此时传感器位置固定，调试传感器完成。

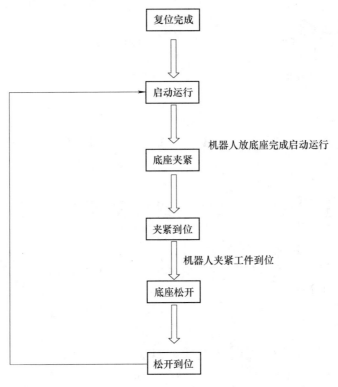

图 3-2-83　PLC 程序设计

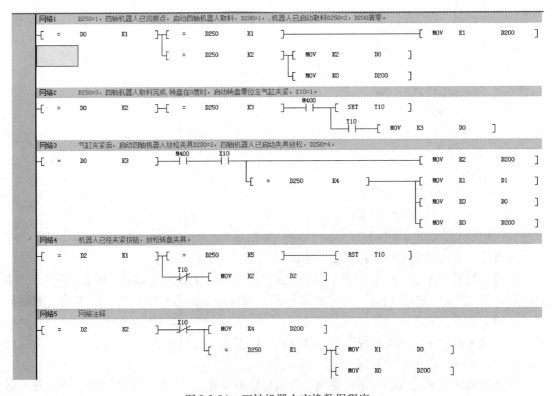

图 3-2-84　四轴机器人交换数据程序

第五步：单步运行

具体操作方法是：模式开关选择为手动模式，按下图标 ⊙，程序运行所选择行，光标跳转至下一行，松开图标 ⊙，再次按下图标 ⊙，单步执行下一程序行。

注意事项：单步运行时注意运行中各步转移条件及完成情况，若条件不满足则无法运行，应仔细查找原因并及时纠正。纠正时不能边运行边修改，一定要先退出机器人使能状态，方可进入工作区域纠正问题。

第六步：连续运行与系统优化

具体操作方法是：首先在手动模式下按下示教器速度减小键，将速度设定为10%，然后通过模式开关选择为自动模式，按下图标 ⊙，程序从上往下自动运行，直至程序结束为止。

注意事项：连续运行时，时刻注意机器人附近有无人员走动，发现有人经过及时提醒；注意机器人动作是否到位，工件是否放置到位，在运行过程中如发现问题一定要先停止机器人，将自动模式改为手动模式，并确认机器人不在使能状态后，方可进入工作区域纠正问题。

第七步：清理现场

将多余和废弃材料收回，并分类存放，将工具收纳到工具箱，清扫工作台及地面。

任务评价

序号	评 分 内 容	配分	得分
1	按下急停按钮，打开气阀，松开急停按钮，复位指示灯闪烁1Hz	1	
2	按下复位按钮，启动灯闪烁	1	
3	使用SCARA机器人示教器启动机器人，SCARA机器人回到安全点	1	
4	启动灯闪烁1Hz	0.5	
5	按下启动按钮，启动灯常亮	1	
6	SCARA机器人移动到原料库内底座1位置	1	
7	夹取底座	1	
8	夹具位置无干涉	1	
9	放入到转盘夹具内	1	
10	转盘夹具位置无干涉	1	
11	转盘夹具夹紧	1	
12	夹紧到位后，机器人夹具松开	1	
13	SCARA机器人移动到原料库灯盖1位置	1	
14	夹取盖子	1	
15	夹具位置无干涉	1	
16	盖子放到转盘夹具内底座上	1	
17	机器人再次抬起器具，按下盖子完成装配	1	
18	SCARA机器人移动到安全点	1	
19	机器人夹住装配完成的按钮	1	

（续）

序号	评 分 内 容	配分	得分
20	转盘夹具松开	1	
21	机器人按钮放入指定库位	1	
22	夹取底座	1	
23	夹具位置无干涉	1	
24	放入到转盘夹具内	1	
25	转盘夹具位置无干涉	1	
26	转盘夹具夹紧	1	
27	夹紧到位后，机器人夹具松开	1	
28	SCARA 机器人移动到原料库灯盖 2 位置	1	
29	夹取盖子	1	
30	夹具位置无干涉	1	
31	盖子放到转盘夹具内底座上	1	
32	机器人再次抬起器具，按下盖子完成装配	1	
33	SCARA 机器人移动到安全点	1	
34	机器人夹住装配完成的按钮	1	
35	转盘夹具松开	1	
36	机器人夹住装配完成的按钮	1	
37	转盘夹具松开	1	
38	机器人将按钮放入指定库位	1	
39	SCARA 机器人移动到原料库内底座 3 位置	1	
40	夹取底座	1	
41	夹具位置无干涉	1	
42	放入到转盘夹具内	1	
43	转盘夹具位置无干涉	1	
44	转盘夹具夹紧	1	
45	夹紧到位后，机器人夹具松开	1	
46	SCARA 机器人移动到原料库灯盖 3 位置	1	
47	夹取盖子	1	
48	夹具位置无干涉	1	
49	盖子放到转盘夹具内底座上	1	
50	机器人再次抬起器具，按下盖子完成装配	1	
51	SCARA 机器人移动到安全点	1	
52	机器人夹住装配完成的按钮	1	
53	转盘夹具松开	1	
54	PLC 控制器 IP 地址正确	1	
55	SCARA 机器人 IP 地址正确	1	

项目三　ER3A-C60 六轴工业机器人基本应用

3

任务一　按钮原料搬运

任务描述

在按钮全自动装配检测仓储生产线中最后一站是完成按钮成品的入库，根据用户需求将放置在托盘架上组装好的按钮成品按规定要求采用 ER3A-C60 六轴工业机器人放置在成品库托盘上。要求采用 ER3A-C60 六轴工业机器人设计合理的工作路径，安全可靠、高效率地实现按钮原料的成品组装及入库工作。本次任务主要学习使用 ER3A-C60 六轴工业机器人完成按钮底座到成品库的取放工作。

任务目标

1. 掌握存储单元机械装配工艺及技术。
2. 掌握存储单元电气装配工艺及技术。
3. 掌握存储单元电气线路的测试与故障检测。
4. 掌握六轴机器人夹具选择和调试。
5. 掌握六轴机器人的程序编写及点位示教。
6. 完成六轴机器人工件坐标系的建立。

子任务一　存储单元的机械装配

任务目标

1. 掌握机械装配工具的使用方法。
2. 掌握机械装配测量技术。
3. 掌握机械装配工艺及技术。
4. 提高装配效率。

任务准备

1. 认识机械零件

【导师有话说】 俗话说"知己知彼，百战不殆"。我们是不是一接到任务就马上实施呢？不是的！还是让我们先看一看装配对象吧。

（1）元件 常见元件包括成品库存储架、六轴工业机器人、按钮装配托盘和 T 形槽安装平台。

1）成品库存储架：该存储架为铝质底四角固定，如图 3-3-1 所示。需要 4 个固定螺栓。

2）ER3A-C60 六轴工业机器人：该机器人为金属底座四角固定，如图 3-3-2 所示。需要 4 个固定螺栓。

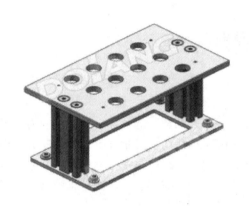
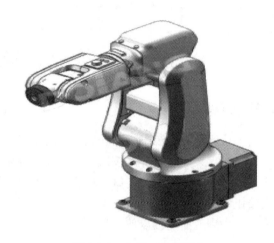

图 3-3-1　成品库存储架　　　　　　　　图 3-3-2　六轴工业机器人

3）机器人夹具：如图 3-3-3 所示，机器人夹具的气动手指为动力元件，端部固定夹持工具用于夹持不同形状的零件。气动手指根据其工作原理可分为单作用式和双作用式。气动手指还设置气动节流阀用于调节夹持或放松的速度。

（2）气动电磁阀 如图 3-2-12 所示。气动电磁阀是气动回路中的控制元件。

（3）装配附件 项目二中已有详细介绍，这里就不再一一列举。

2. 常用装配工具

项目二中对常用装配工具已有详细介绍，这里就不再一一列举。

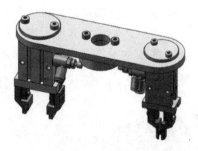

3. 识读装配图

图 3-3-3　机器人夹具

1）机械装配图：表示各元件之间的相互位置，在识读机械装配图时，首先要搞清楚基准线和定位线。分析各数据之间的关系，找出关键尺寸，如图 3-3-4 所示。

2）气动装配图：表示气动回路的连接方式及动作方式，如图 3-3-5 所示。

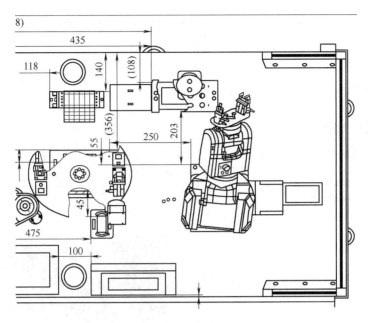

图 3-3-4 机械装配图

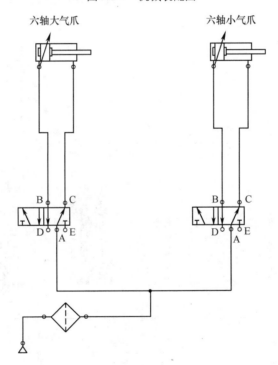

图 3-3-5 气动装配图

4. 六轴工业机器人夹具的选择

【导师有话说】 夹具选择的主要依据是夹取对象，在所用的设备上配备了双气动夹手的夹具，本次任务的目标是将按钮盖和按钮底座装配到一起，那么在夹具的选择上就应该选择大夹手，具体选择方法已在项目二中详细介绍过，这里就不重复了。

操作步骤：六轴机器人装配—成品库存储架装配—电磁阀装配—夹具装配。

 任务实施

第一步：定位画线

【导师有话说】 装配时以基板边界为基准，标定部件尺寸，保证平行度。

第二步：器件固定

器件固定时的注意事项见表 3-3-1。

表 3-3-1 器件固定注意事项

注 意 事 项	图 示
锥孔位置不用平垫片	
沉直孔处不用平垫片	
螺杆长度和螺母：配合后可长出 2～3 个螺距，螺杆平齐也可以（固定功率大的设备除外）	

【导师有话说】

1）由远及近、由重及轻、由大及小。不要忘记平垫片和弹簧垫片，固定螺栓对角循环紧固，防止逐个紧固将工件紧固变形。不要一次紧固，紧固到不晃动时，要校验尺寸，如尺寸有少许误差可用橡胶锤矫正。紧固时不要忘记观察 T 形螺母的状态。

2）注意器件之间的平行度误差，以免影响后续的工作。

3）夹具安装时需要注意机器人第四轴的角度问题，防止运行时出现超限报警。建议可在机器人上电调整角度后，再安装夹具。

第三步：气动回路搭建

操作步骤：固定扎带扣—连接气动管—绑扎。

操作规范：见第一篇项目一的操作规范细则。

【导师有话说】

1）电气控制回路和气动控制回路要使用不同颜色的扎带，电气控制回路使用黑色扎带绑扎，气动控制回路使用白色扎带绑扎。

2）扎带绑扎的距离一般为5cm左右，当绑扎线束或气路直径比较大时，可适当地加大绑扎距离，一般为线束或气路直径的3~4倍，且绑扎间距应均匀，松紧适度，美观均匀分布。

第四步：安装检查

参照图样进行机械装配和气动回路的通气检查。

【导师有话说】

1）检查好像是一项重复工作，但这是一项关键的工作，不容忽视。

2）气动控制回路在通气前一定要通过气压调节开关将压力调节在0.4~0.6MPa。

第五步：整理现场

清洁整理现场，归还剩余材料、回收垃圾、工具放回工具箱，打扫卫生。

【导师有话说】 要养成良好的工作习惯。

任务评价

序号	评分内容	扣分标准	配分	自评得分	互评得分
1	尺寸	一处不符合要求扣1分	2		
2	螺钉紧固	一处螺钉不紧固，扣0.5分，扣完为止	0.5		
3	工具不得遗留在站上或工作区域地面上	有遗留工具的，每件工具扣0.25分，扣完为止	0.25		
4	工作站上不得留有未使用的零部件和工件	有遗留工件或耗材的，每件扣0.25分，扣完为止	0.25		
5	不得因为气管折弯、扎带太紧等原因造成气流受阻	一处受阻扣0.5分，扣完为止	1		
6	气管不得从线槽中穿过	一处扣0.5分，扣完为止	1		
7	所有的气动连接处不得发生泄漏	一处漏气扣1分，扣完为止	2		
8	安全文明生产		10		

【导师有话说】 只有善于总结，才会有更高的进步，现在整理一下思路小结一下吧！

_____

_____

_____

_____

_____

_____

子任务二　程序编写及点位示教

任务目标

1. 掌握六轴机器人程序的编写方法。
2. 掌握六轴机器人示教点位的方法。
3. 掌握六轴机器人轨迹确认的方法。

任务准备

将装配完成后的装配模型通电、接通气源，保持气压在 0.4～0.6MPa，手动测试电磁阀夹紧放松是否到位。强制机器人输出点 Q0.4 和 Q0.5，机器人手爪的大小使夹具能够正常动作。

任务实施

【导师有话说】

在从上一程序点到下一个程序点的示教过程中，不能切换不同的坐标系，否则记录会造成机器人运动异常。新建示教程序的操作步骤如下：

1）确认手持操作示教器上的模式旋钮对准"示教"，设定为示教模式。

2）按下手持操作示教器上的"伺服准备"键，"伺服准备指示灯"开始闪烁。

3）使用手持操作示教器"上移"和"下移"键，使"程序"变为蓝色。

4）按下手持操作示教器上的"右移"键打开子菜单，然后按下"选择"键进入程序管理界面。

5）在"目标程序"中输入要新建的程序文件名。

6）单击界面上"新建"按钮，即操作成功。

7）进入程序内容界面，新建一空程序，只有 NOP 和 END 两句。

8）轻握手持操作示教器背面的"三段开关"，伺服电源接通。

为了使机器人能够进行回放，就必须把机器人运动指令编成程序。控制机器人运动的指令就是移动指令。在移动指令中，记录移动到的位置、插补方式、回放速度等。

1. 机器人程序的编写

按要求编写六轴机器人程序，见表 3-3-2。

表 3-3-2　六轴机器人程序

取第一个底座	
MOVJ P10 V = 100 BL = 0 VBL = 0	回到工作原点
MOVL P11 V = 50 BL = 0 VBL = 0	移动到按钮底座上方
DOUT DO0.0 = 0	松开气爪
TIMER T = 300ms	延时
MOVL P12 V = 50 BL = 0 VBL = 0	下降，准备取底座
TIMER T = 300ms	延时

（续）

取第一个底座	
DOUT DO0.0 = 1	夹紧底座
MOVL P11 V = 50 BL = 0 VBL = 0	抓取
MOVL P30 V = 50 BL = 0 VBL = 0	移至工件上方
放第一个底座	
MOVJ P51 V = 100 BL = 0 VBL = 0	到达第一个位置点上方
MOVL P41 V = 20 BL = 0 VBL = 0	下降
DOUT DO0.0 = 0	松开气爪
TIMER T = 200ms	延时
MOVP IncP = 50 V = 50 BL = 0 VBL = 0	上升 50mm
取第二个底座	
MOVJ P10 V = 100 BL = 0 VBL = 0	回到工作原点
MOVL P11 V = 50 BL = 0 VBL = 0	移动到按钮底座上方
DOUT DO0.0 = 0	松开气爪
TIMER T = 300ms	延时
MOVL P12 V = 50 BL = 0 VBL = 0	下降，准备取底座
TIMER T = 300ms	延时
DOUT DO0.0 = 1	夹紧底座
MOVL P11 V = 50 BL = 0 VBL = 0	抓取
MOVL P30 V = 50 BL = 0 VBL = 0	移至工件上方
放第二个底座	
P52 = P51 + P80	上一个点加上 X 轴偏移量
MOVL P52 V = 20 BL = 0 VBL = 0	到达第一个位置点上方
P42 = P41 + P80	上一个下降点加上 X 轴偏移量
MOVL P42 V = 20 BL = 0 VBL = 0	下降
DOUT DO0.0 = 0	松开气爪
TIMER T = 200ms	
MOVP IncP = 50 V = 50 BL = 0 VBL = 0	上升 50mm

2. 点位示教（见图 3-3-6）

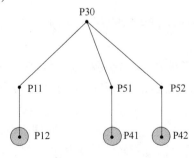

图 3-3-6　点位示教

程序是把机器人的作业内容用机器人语言加以描述的作业程序。现在我们来为机器人输入以下从工件 A 点到 B 点的搬运程序，此程序由 8 个程序点组成，具体工作轨迹见表 3-3-3。

表 3-3-3　工作轨迹

取第一个按钮底座	程序点 P10：开始位置
	程序点 P11：抓取位置附近（抓取前）
	程序点 P12：抓取位置
	程序点 P11：抓取位置附近（抓取后）
	程序点 P11：抓取位置附近（抓取后）
放第一个按钮底座	程序点 P30：中间辅助位置
	程序点 P51：放置位置附近（放置前）
	程序点 P41：放置位置
取第二个按钮底座	程序点 P10：开始位置
	程序点 P11：抓取位置附近（抓取前）
	程序点 P12：抓取位置
	程序点 P11：抓取位置附近（抓取后）
放第二个按钮底座	程序点 P30：中间辅助位置
	程序点 P52：放置位置附近（放置前）
	程序点 P42：放置位置

3. 模拟运行

在完成了机器人动作程序输入后，运行该程序，以便检查各程序点是否有不妥之处。具体操作步骤如下：

1）把光标移到程序点 1（行 0001）。

2）一直按下手持操作示教器上"前进"键，机器人会执行选中指令行（本程序点未执行完前，松开则停止运动，按下继续运动），通过机器人的动作确认各程序点是否正确。执行完一行后松开再次按下"前进"键，机器人开始执行下一个程序点。

3）程序点确认完成后，把光标移到程序起始处。

4）最后检测所有程序点的连续动作。按下"联锁"＋"前进"键，机器人连续回放所有程序点，一个循环后停止运行。

4. 运行

先确认机器人附近没有障碍物再开始操作。回放前建议把机器人运动到零位（长按"上档"＋"9"键）。

1）进入"程序"→"选择程序"选择要示教的程序，进入程序内容界面。

2）把手持操作示教器上的模式旋钮设定在"回放"，成为回放模式。检查程序左上角状态显示图标为"自动"。

3）按下手持操作示教器的"伺服使能"键，接通伺服电源。

4）按下手持操作示教器的"启动"键。机器人把示教过的程序运行一个循环后停止。

5）通过 SPEED 指令修改回放的整体速度（在示教模式下修改）。

【导师有话说】　只有善于总结，才会有更高的进步，现在整理一下思路小结一下吧！

_____

_____

_____

_____

子任务三　工件坐标系设定

 任务目标1

了解并掌握工件坐标系下各轴的运动状态。

任务描述

通过本任务的学习能够了解关节坐标系与其他坐标系的区别，并掌握工件坐标系的使用方法。

任务实施

【导师有话说】　在关节坐标系下，同时按下两个以上轴操作键时，机器人按合成动作运动，但如像[J1－]＋[J1＋]这样，同轴反方向两键同时按时轴不动作。

在示教模式下，坐标系设定为关节坐标系 ACS 时，机器人的 J1、J2、J3、J4、J5、J6 各轴分别运动，按轴操作键时各轴的动作情况可参照表 3-3-4。

表 3-3-4　关节坐标系 ACS 的轴动作

轴　名　称		轴操作键	动　作
基本轴	J1 轴	X-[J1-]　X+[J1+]	本体左右回旋
	J2 轴	Y-[J2-]　Y+[J2+]	下臂前后运动
	J3 轴	Z-[J3-]　Z+[J3+]	上臂上下运动
腕部轴	J4 轴	A-[J4-]　A+[J4+]	上臂带手腕回旋
	J5 轴	B-[J5-]　B+[J5+]	手腕上下运动
	J6 轴	C-[J6-]　C+[J6+]	手腕回旋

任务目标 2

1. 掌握工件坐标系的标定。
2. 了解使用工件坐标系的场合。

任务描述

通过本任务的学习能够了解工件坐标系与其他坐标系的区别，并掌握工件坐标系的设定和使用方法。

任务实施

1. 轴动作

【导师有话说】 选择不同的工件坐标系会改变轴动作轨迹，根据任务要求选择相应坐标系观察轴动作轨迹。

在示教模式下，坐标系设定为工件坐标系 PCS1（PCS2）时，机器人工具末端 TCP 沿 PCS1（PCS2）坐标系 X、Y、Z 轴平行移动和绕 PCS1（PCS2）坐标系 X、Y、Z 轴旋转运动，按住轴操作键时，各轴的动作可参照表 3-3-5。

表 3-3-5　工件坐标系 PCS 的轴动作

轴　名　称		轴操作键	动　　作
移动轴	X 轴	X- J1- 　 X+ J1+	沿 PCS1（PCS2）坐标系 X 轴平行移动
	Y 轴	Y- J2- 　 Y+ J2+	沿 PCS1（PCS2）坐标系 Y 轴平行移动
	Z 轴	Z- J3- 　 Z+ J3+	沿 PCS1（PCS2）坐标系 Z 轴平行移动
旋转轴	绕 X 轴	A- J4- 　 A+ J4+	绕 PCS1（PCS2）坐标系 X 轴旋转运动
	绕 Y 轴	B- J5- 　 B+ J5+	绕 PCS1（PCS2）坐标系 Y 轴旋转运动
	绕 Z 轴	C- J6- 　 C+ J6+	绕 PCS1（PCS2）坐标系 Z 轴旋转运动

2. 工件坐标系使用案例

【导师有话说】 有多个夹具台时如使用设定在各夹具台的工件坐标系，则手动操作更为简单。当进行排列或码垛作业时，如在托盘上设定工件坐标系，则平行移动时，设定偏移量的增量变得更为简单。

3. 工件坐标系标定

【导师有话说】 使用示教盒动手设置两个工件坐标系，在示教模式下进行轴操作，观察工件坐标系对轨迹的影响。

工件坐标系 PCS1（PCS2）标定管理主界面如图 3-3-7 所示，用户通过菜单"机器人"下的子菜单"坐标系管理"来进入该标定界面，并选择 PCS1（PCS2）选项卡。

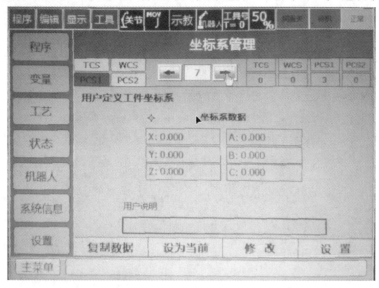

图 3-3-7 "坐标系管理"界面

工具管理界面的最上端区域的 0 ~ 10 索引按钮可方便用户选择需要进行的操作的工具序号。程序内部使用一个 11 个元素的工具坐标系数据队列。1 ~ 10 号坐标系队列元素为可编辑的队列元素。序号为 0 的坐标系队列元素不可编辑，默认为不使用工具的情况下使用。序号 0 旁边的编辑框为注释区域，用户可以对相应序号的坐标系添加注释信息。

注意：0 号坐标系的所有信息均不可以修改，包括注释信息。

坐标系数据修改主要通过两种示教方法来实现，如图 3-3-8 所示，这两种方法都是三点示教法。

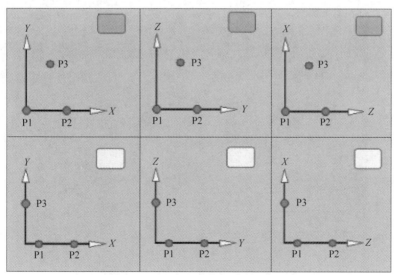

图 3-3-8 三点法模式选择（XY/YZ/ZX 平面）

第一种方法示教三个点为：原点 P1，X 轴（Y 轴或 Z 轴）正轴方向上的一点 P2，XY 平面（YZ 平面或 ZX 平面）上的一点 P3。用这种方法示教的坐标系的原点位于 P1 点，X 轴（Y 轴或 Z 轴）的正方向从 P1 点指向 P2 点，P3 点位于 Y 轴（Z 轴或 X 轴）正方向一侧。

第二种方法示教三个点为：X 轴（Y 轴或 Z 轴）上的一点 P1 和另一点 P2，在 Y 轴（Z 轴或 X 轴）上示教第三个点 P3。过 P3 点作 P1 点和 P2 点连线的垂线，垂足位置即为坐标系的原点。用这种方法示教的坐标系的 X 轴（Y 轴或 Z 轴）正方向从 P1 点指向 P2 点，P3 点位于 Y 轴（Z 轴或 X 轴）的正半轴上。

这两种方法示教的坐标系的效果基本一致。

下面以用户选择"三点法模式"来示教工件坐标系 PCS1 的 7 号坐标系，步骤如下：

1）从坐标系管理选项卡选择 PCS1 坐标系，并选中 7 号坐标系，如图 3-3-9 所示。

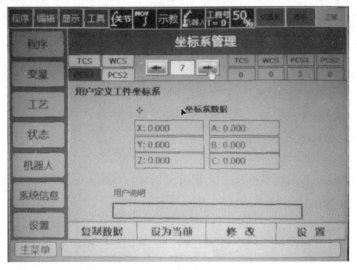

图 3-3-9　选择 PCS1 坐标系

2）确保"三点法模式"处于被选中的状态；使用 XY 平面法，如图 3-3-10 所示。

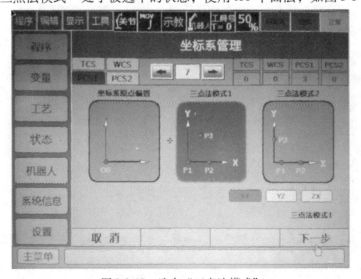

图 3-3-10　选中"三点法模式"

3）将工具尖端移动到要设定的坐标系原点，并保持伺服电源处于接通状态，单击"记录 P1"按钮并保持不变，直到 P1 点旁的记录完成指示灯变为绿色，记录该点为 P1 位置点，如图 3-3-11 所示。

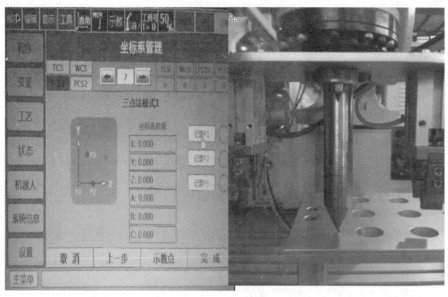

图 3-3-11　记录 P1 位置点

4）将工具尖端移动到要设定的坐标系上的 X 轴正方向上，并保持伺服电源处于接通状态，单击"记录 P2"按钮并保持不变，直到 P2 点旁的记录完成指示灯变为绿色，记录该点为 P2 位置点，如图 3-3-12 所示。

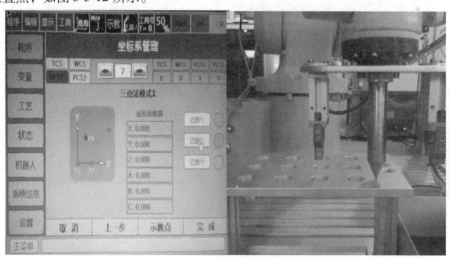

图 3-3-12　记录 P2 位置点

5）将工具尖端移动到要设定的坐标系上的 XY 平面上 Y 正方向侧的一点并保持伺服电源处于接通状态，单击"记录 P3"按钮并保持不变，直到 P3 点旁的记录完成指示灯变为绿色，记录该点为 P3 位置点，如图 3-3-13 所示。

图 3-3-13　记录 P3 位置点

6）单击"计算"按钮，完成坐标系数据计算，并自动刷新 7 号索引坐标系的数据，如图 3-3-14 所示。

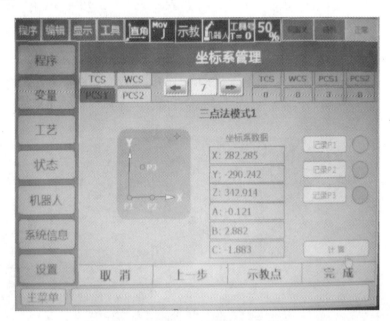

图 3-3-14　完成坐标系数据计算

7）单击"设为当前"按钮，将 7 号坐标系设置为当前使用的工件坐标系，如图 3-3-15 所示。

8）P1、P2、P3 点不再需要使用，清除已记录的 P1、P2、P3 点。具体清除方法是：在驱动器伺服电源断开的情况下单击"记录 P1""记录 P2""记录 P3"按钮，直到记录完成指示灯变灰。清除这些记录点的作用在于防止用户用这些点记录的数据意外刷新其余的坐标系数据，造成用户不期望的更新效果，如图 3-3-16 所示。

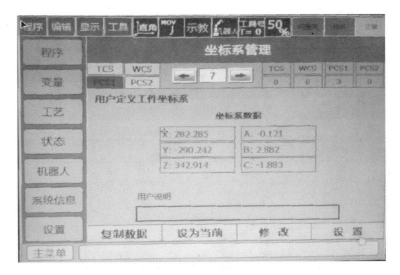

图 3-3-15　设为当前使用坐标系

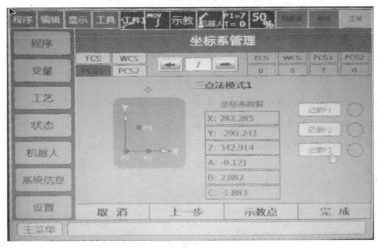

图 3-3-16　清除 P1、P2、P3 点

至此，完成了工件坐标系 PCS1 的第 7 号坐标系的全部设置工作，此时，用户可以在手动示教模式下在新计算出来的工件坐标系下运动了。

注意：当用户从坐标系管理界面上的"PCS1"坐标系选项卡切换"PCS2"选项卡或是"WCS"选项卡时，所记录的位置点数据也会自动清除。

【导师有话说】　为了尽可能地提高示教出来的工件坐标系 PCS1 的精度，示教的 P1、P2、P3 点的姿态应保持不变，即这三个位置点最好只用笛卡儿空间下的平移运动来示教（即只走 KCS、WCS、PCS1、PCS2、TCS 下的 X、Y、Z 轴的移动运动，而不进行绕 X、Y、Z 轴的旋转运动或 ACS 下的单个关节转动运动来示教）。

任务评价

序号	评分内容	扣分标准	配分	自评得分	互评得分
1	三种坐标系选择	选择错误扣 1 分	2		

（续）

序号	评分内容	扣分标准	配分	自评得分	互评得分
2	设定两个工件坐标系	设置错误一个扣0.5分	1		
3	工件坐标系设定	"三点法"设置步骤错一步扣0.5分	4		
4	示教器握持姿势	示教过程中握持姿势不正确扣1分	1		
5	轴动作操作	轴动作操作一处扣0.5分，直至扣完为止	2		
6	安全文明生产		10		

【导师有话说】 只有善于总结，才会有更高的进步，现在整理一下思路小结一下吧！

_____

_____

_____

_____

任务二　按钮的装配

任务描述

在按钮全自动装配检测仓储生产线中最后一站是完成按钮成品的入库，根据用户需求将放置在托盘架上组装好的按钮成品按规定要求采用 ER3A-C60 六轴工业机器人放置在成品库托盘上。要求采用 ER3A-C60 六轴工业机器人设计合理的工作路径，安全可靠、高效率地实现按钮原料的成品组装及入库工作。本次任务主要学习使用 ER3A-C60 六轴工业机器人完成按钮开关的装配（仅装配按钮盖和按钮底座）。

任务目标

掌握利用六轴工业机器人完成具体工作任务的方法和步骤。

任务实施

【导师有话说】 "工欲善其事，必先利其器"，准备工作已经做好了，接下来就让我们一起来完成本次任务吧！

第一步：按工作要求编写六轴工业机器人程序

MOVJ P0 V = 100 BL = 0 VBL = 0	回到工作原点
MOVJ P1 V = 100 BL = 0 VBL = 0	移动至按键盖上方
DOUT DO0.0 = 0	松开气爪
MOVL P2 V = 50 BL = 0 VBL = 0	下降，取帽
DOUT DO0.0 = 1	夹紧盖
MOVL P1 V = 50 BL = 0 VBL = 0	上升至按键盖上方
MOVJ P3 V = 100 BL = 0 VBL = 0	移动至按键底座上方
MOVL P4 V = 50 BL = 0 VBL = 0	下降，准备安装按键盖

（续）

DOUT DO0.0 = 0	松开气爪
TIMER T = 300ms	延时
MOVL P3 V = 50 BL = 0 VBL = 0	移动至按键底座上方
MOVL P5 V = 50 BL = 0 VBL = 0	按下按键
MOVJ P0 V = 100 BL = 0 VBL = 0	回到工作原点

第二步：程序点位的示教

【导师有话说】

1）点位的示教我们在任务一按钮原料搬运中有过详细介绍，这里就不重复介绍了。

2）点位示教时注意机器人速度的变换，快慢结合。

第三步：模拟运行

在完成了机器人动作程序输入后，运行该程序，以便检查各程序点是否有不妥之处。

1）把光标移到程序点 1（行 0001）。

2）一直按下手持操作示教器上"前进"键，机器人会执行选中行指令（本程序点未执行完前，松开则停止运动，按下继续运动），通过机器人的动作确认各程序点是否正确。执行完一行后松开再次按下"前进"键机器人开始执行下一个程序点。

3）程序点确认完成后，把光标移到程序起始处。

4）最后检查所有程序点的连续动作情况。按下【联锁】+【前进】键，机器人连续回放所有程序点，一个循环后停止运行。

第四步：运行调试

【导师有话说】 先确认机器人附近没有障碍物再开始操作。回放前建议把机器人运动到零位（长按"上档"+"9"键）。

1）进入"程序"→"选择程序"选择要示教的程序，进入程序界面。

2）把示教器上的模式旋钮设定在"回放"，成为回放模式并检查程序左上角状态显示图标。

3）按下手持操作示教器的"伺服使能"键，接通伺服电源。

4）按下手持操作示教器的"启动"键。机器人把示教过的程序运行一个循环后停止。

5）通过 SPEED 指令修改回放的整体速度（在示教模式下修改）。

【导师有话说】 只有善于总结，才会有更高的进步，现在整理一下思路小结一下吧！

项目四　可编程序控制器的综合应用

任务一　基于 CANLink 通信的伺服电动机控制

📖 任务描述

在按钮全自动装配检测仓储生产线中，当 SCARA 四轴工业机器人上料完成后，需要把物料运送给六轴机器人进行装配。为了保证按钮装配的准确性，物料运送需要有精确的定位。在本设备中我们采用伺服电动机来完成物料运送的任务。

🧑 任务目标

1. 掌握伺服电动机的工作原理。
2. 掌握伺服电动机的定位方式。
3. 掌握伺服电动机参数的设置。
4. 掌握伺服电动机的通信方式。

子任务一　认知伺服电动机定位系统

🧑 任务目标

1. 掌握伺服电动机定位系统的组成。
2. 掌握伺服电动机的工作原理。
3. 掌握伺服驱动器的配线。

◩ 任务准备

1. 认识系统构成

伺服电动机定位系统由电动机支架、ISMH4-40B30CB 交流伺服电动机、IS620PS2R8I-IAB-C 伺服驱动器组成，如图 3-4-1 所示。

图 3-4-1　伺服电动机定位系统

2. 认识电气元件

【导师有话说】　位置控制在电气控制中有多种实现方法，可以采用步进电动机也可以采用伺服电动机，究竟采用哪种控制方式与控制要求有关。

（1）伺服电动机

1）工作原理：交流伺服电动机的结构主要分为两部分，即定子部分和转子。其中，定子的结构与旋转变压器的定子基本相同，在定子铁心中安放着空间互成90°电角度的两相绕组，一组为励磁绕组，另一组为控制绕组。交流伺服电动机是一种两相交流电动机。交流伺服电动机使用时，励磁绕组两端施加恒定的励磁电压，控制绕组两端施加控制电压。当定子绕组加上电压后，伺服电动机很快就会转动起来。通入励磁绕组及控制绕组的电流在电动机内产生一个旋转磁场，旋转磁场的转向决定了电动机的转向，当任意一个绕组上所加的电压反相时，旋转磁场的方向就发生改变，电动机的方向也发生改变。为了在电动机内形成一个圆形旋转磁场，要求励磁电压和控制电压之间应有90°的相位差。

伺服电动机内部的转子是永磁铁，驱动器控制的 U、V、W 三相电形成电磁场，转子在此磁场的作用下转动，同时电动机自带的编码器反馈信号给驱动器，驱动器根据反馈值与目标值进行比较，调整转子转动的角度。伺服电动机的精度决定于编码器的精度（线数）。

绝对值编码器既检测电动机在旋转1周内的位置，又对电动机旋转圈数进行计数，单圈分辨率为8388608（2^{23}），可记忆16位多圈数据。使用绝对值编码器构成的绝对值系统分为绝对位置线性模式和绝对位置旋转模式，在位置、速度和转矩控制模式下均可使用，驱动器断电时编码器通过电池备份数据，上电后驱动器通过编码器绝对位置计算机械绝对位置，无需重复进行机械原点复归操作。

2）型号说明：ISM H4-40B 30C B 型号的意义如下：

①ISM：产品大类，伺服电动机。

②H4：特性说明，H1，低惯量、小容量；H2，低惯量、中容量；H3，中惯量、中容量；H4，中惯量、小容量。

③40B：额定功率，A-×1；B-×10；C-×100；D×1000。

④30C：额定转速，A-×1；B-×10；C-×100；D×1000。

⑤B：电压等级，B-220V；D-380V。

（2）伺服电动机驱动器

1）伺服驱动器说明：IS620 系列伺服驱动器产品是汇川技术研制的高性能中小功率的

交流伺服驱动器。该系列产品功率范围为 0.1～7.5kW，支持 Modbus 通信协议，采用 RS-232/RS-485 通信接口，配合上位机可实现多台伺服驱动器联网运行。提供了刚性表设置，惯量辨识及振动抑制功能，使伺服驱动器简单易用。配合包括小惯量，中惯量的 ISMH 系列 20 位增量式编码器的高响应伺服电动机，运行安静平稳。适用于贴片机、搬运机械、食品加工机械、传送机械等自动化设备，实现快速精确的位置控制、速度控制和转矩控制。

2）型号说明：IS620 P S 2R8 I-IAB-C 意义如下：

①IS620：序列号，伺服驱动器。

②P：产品类别。P，脉冲型；N，EtherCAT 总线型；M，MECHAROLINK-II 总线型。

③S：电压等级。S，220V；T，380V。

④2R8：额定输出电流。2R8，2.8A；021，21A。

⑤I：安装方式。

⑥IAB：绝对值。

3）驱动器配线：伺服驱动器主电路端子，见表 3-4-1。CN1 为控制端子。CN2 为编码器端子。CN3、CN4 为通信端子。CN5 为模拟量监视端子。

表 3-4-1　伺服驱动器主电路端子的名称与功能

端子记号	端子名称	端子功能
L1、L2	主回路电源输入端子	回路单相电源输入，只有 L1、L2 端子。L1、L2 间接入 AC 220V
R、S、T		主回路三相 220V 电源输入
L1C、L2C	控制电源输入端子	控制回路电源输入，需要参考铭牌的额定电压等级
P⊕、D、C	外接制动电阻连接端子	制动能力不足时，在 P⊕、C 之间连接外接制动电阻，外接制动电阻需另行购买
P⊕、⊖	共直流母线端子	伺服的直流母线端子，在多机并联时可进行共母线连接
U、V、W	伺服电动机连接端子	伺服电动机连接端子，和电动机的 U，V，W 相连接
PE	接地	两处接地端子，与电源接地端子及电动机接地端子连接

IS620P 伺服驱动器端子引脚分布如图 3-4-2 所示。

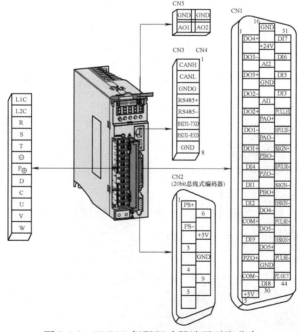

图 3-4-2　IS620P 伺服驱动器端子引脚分布

子任务二 伺服驱动器的参数配置

任务目标

1. 掌握伺服驱动器常用参数的意义。
2. 掌握伺服驱动器参数设置的方法。

任务准备

1. 伺服驱动器功能参数说明

（1）H03-10（DI5）端子功能的选择（见表 3-4-2）

表 3-4-2　H03-10（DI5）端子功能的选择

设定值	功 能 说 明	设定值	功 能 说 明
0	无定义	15	反向超程开关
1	伺服使能	16	正外部转矩限制
2	报警复位信号	17	负外部转矩限制
3	增益切换开关	18	正向点动
4	主辅运行指令切换	19	反向点动
5	多段运行指令方向选择	20	步进量使能
6	多段运行指令切换 CMD1	21	手轮倍率信号 1
7	多段运行指令切换 CMD2	22	手轮倍率信号 2
8	多段运行指令切换 CMD3	23	手轮使能信号
9	多段运行指令切换 CMD4	24	电子齿轮选择
10	模式切换 M1-SEL	25	转矩指令方向设定
11	模式切换 M2-SEL	26	速度指令方向设定
12	零位固定使能信号	27	位置指令方向设定
13	位置指令禁止	28	多段位置指令使能
14	正向超程开关	29	中断定长状态解除信号

【导师有话说】

在本任务实施过程中，为了避免输入端子的功能重复，需要把 DI5 端子的使能关闭。

（2）H05-00 主位置指令的来源（见表 3-4-3）

表 3-4-3　H05-00 主位置指令的来源

设定值	指令来源	指令获取方式
H05-00 = 0	脉冲指令	上位机或者其他脉冲发生装置产生位置脉冲指令，通过硬件端子输入至伺服驱动器。硬件端子通过 H05-01 选择
H05-00 = 1	步进量	由参数 H05-05 设置步进量位移。由 DI 功能 FunIN. 20 触发步进量指令
H05 − 00 = 2	多段位置指令	由 H11 组参数设定多段位置功能的运行方式。由 DI 功能 FunIN. 28 触发多段位置指令

【导师有话说】

脉冲指令属于外部位置指令，步进量和多段位置指令属于内部位置指令。本任务采用多段位置指令。

（3）H05-02 电动机每旋转一圈的位置指令数（见表3-4-4）

表3-4-4　H05-02 电动机每旋转一圈的位置指令数

设定值	功 能 说 明
H05-02 = 0	电子齿轮比 1 和 2 的参数（H05-07 ~ H05-13）及电子齿轮比切换条件设定（H05-39）有效
H05-02 ≠ 0	电子齿轮比 $= \dfrac{B}{A} = \dfrac{\text{编码器分辨率}}{\text{H05-02}}$ 此时电子齿轮比 1、电子齿轮比 2 无作用

【导师有话说】

对于 IS620P 系列驱动器，编码器分辨率为 1048576P/r。对于 IS600P 系列驱动器，编码器分辨率为 10000P/r。

（4）H0C-00 驱动器轴地址（见表3-4-5）

表3-4-5　H0C-00 驱动器轴地址

设定值	功 能 说 明
H0C-00 = 0	广播地址，上位机可通过广播地址对所有驱动器进行写操作，驱动器收到广播地址的帧进行相应操作，但不做回应
H0C-00 = 1 ~ 247	当多台伺服驱动器进行组网时，每个驱动器只能有唯一的地址，否则会导致通信异常或无法通信

【导师有话说】

该参数设置时需与 CANLink 配置向导里的从站号一致。

（5）H0C-09（VDI）和 H0C-11（VDO）驱动器地址（见表3-4-6）

表3-4-6　H0C-09（VDI）和 H0C-11（VDO）驱动器地址

设定值	功能说明
0	禁止
1	使能

（6）H11-04 位移指令类型的选择（见表3-4-7）

表3-4-7　H11-04 位移指令类型的选择

设定值	功能说明	注　　释
H11-04 = 0	相对位移指令	相对位移是目标位置相对于电动机当前位置的位置增量
H11-04 = 1	绝对位移指令	绝对位移是目标位置相对于电动机原点的位置增量

（7）H11-12，H11-14，H11-15，H11-16 参数设定范围（见表3-4-8）

表3-4-8　H11-12，H11-14，H11-15，H11-16 参数设定范围

参数代码	参数名称	设定范围
H11-12	第 1 段移动位移	− 1073741824 ~ 1073741824
H11-14	第 1 段位移最大运行速度	1 ~ 6000rpm

（续）

参数代码	参数名称	设定范围
H11-15	第1段位移加减速时间	0～65535ms（s）
H11-16	第1段位移完成后等待时间	0～10000ms（s）

（8）H17-00（VDI1）和 H17-02（VDI2）端子功能的选择（见表3-4-9）

表3-4-9　H17-00（VDI1）和 H17-02（VDI2）端子功能的选择

设定值	DI 端子功能	设定值	DI 端子功能
0	不分配 DI 功能	19	反向点动
1	伺服使能	20	步进量使能
2	故障与警告复位	21	手轮倍率信号1
3	增益切换	22	手轮倍率信号2
4	主辅运行指令切换	23	手轮使能信号
5	多段运行指令方向选择	24	电子齿轮选择
6	多段运行指令切换1	25	转矩指令方向设定
7	多段运行指令切换2	26	速度指令方向设定
8	多段运行指令切换3	27	位置指令方向设定
9	多段运行指令切换4	28	多段位置指令使能
10	模式切换1	29	中断定长状态解除
11	模式切换2	30	无
12	零位固定使能	31	原点开关
13	位置指令禁止	32	原点复归使能
14	正向超程开关	33	中断定长禁止
15	反向超程开关	34	紧急停机
16	正外部转矩限制	35	清除位置偏差
17	负外部转矩限制	36	内部速度限制源
18	正向点动	37	脉冲指令禁止

（9）H05-30 原点复归使能控制（见表3-4-10）

表3-4-10　H05-30 原点复归使能控制

设定值	触发信号	备注	
		复归模式	触发信号
0	关闭原点复归	禁止原点复归功能	
1	通过 DI 输入 HomingStar 信号，使能原点复归功能	原点回零	DI 信号 FunIN. 32（HomingStart：原点复归使能）
2	通过 DI 输入 HomingStart 信号，使能电气回零功能	电气回零	DI 信号 FunIN. 32（HomingStart：原点复归使能）
3	上电后立即启动原点复归	原点回零	位置模式下，重新上电，第1次伺服使能信号
4	立即进行原点复归	原点回零	位置模式下，伺服使能信号回零成功后，H05-30 = 0
5	启动电气回零命令	电气回零	位置模式下，伺服使能信号回零成功后，H05-30 = 0
6	以当前位置为原点	原点回零	不需要回零成功后，H05-30 = 0

2. 伺服驱动器参数设置

（1）利用面板进行设置

1）面板上各按键的功能见表3-4-11。

表3-4-11　面板上各按键的功能

名　称	功　能
MODE 键	各模式间切换，返回上一级菜单
UP 键	增大 LED 数码管闪烁位数值
DOWN 键	减小 LED 数码管闪烁位数值
SHIFT 键	变更 LED 数码管闪烁位，查看长度大于 5 位的数据的高位数值
SET 键	进入下一级菜单，执行存储参数设定值等命令

2）设置步骤：

①系统上电，显示器显示"RDY"。

②按下"MODE"键，进入参数组别显示界面。

③按下"SHIFT"键，选择组别显示位。通过 UP/DOWN 键，选择具体的功能码组别。

④按下"SET"键，显示组内编号。

⑤按下"SHIFT"键，选择编号显示位。通过"UP/DOWN"键，选择具体的组内编号。

⑥按下"SET"键，读取参数值。

⑦通过"UP/DOWN"键，更改数值。

⑧按下"SET"键，写入参数，参数修改完成，显示器显示"DONE"。

⑨按下"MODE"键，退出到参数显示界面。再次按下"MODE"键，退出到组别显示界面。再次按下"MODE"键，退出参数设置模式，进入状态显示模式。

（2）利用 CANLink 通信进行设置

任务实施

第一步：PLC 通信程序的编写

操作步骤：

1）PLC"工程管理窗口"→"通信设置"→"CANLink"，双击"CAN（CANLink）"图标→进行 CAN 配置。协议类型：CANLink；通信站号：后台设置；波特率：后台设置。设置完成，单击确定。

2）右键单击"CANLink"，选择"添加 CAN 配置"。

3）双击"CANLink 配置"。如图 3-4-3 所示，在配置向导中，波特率和网络心跳选择默认。主站号：1~63 选择任一数字（但不要与从站号重复），单击下一步。从站类型：IS 伺服；从站号：1~63 选择任一数字（但不要与主站号重复）；状态码寄存器：D6000；启停元件：M6000（D6000、M6000 不可以再做他用）。设置完成之后，单击"添加"→单击"完成"。当界面显示 CANLink 配置 2 号从站成功→单击"确定"→"保存成功"→单击"确定"。

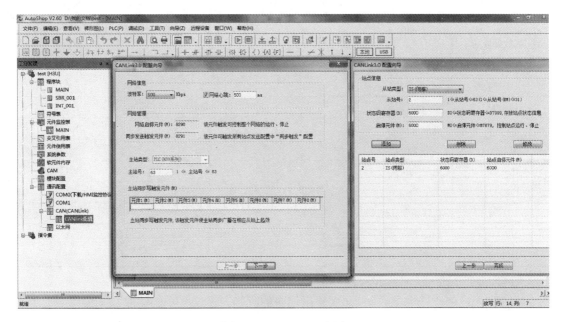

图 3-4-3　CANLink 配置

第二步：伺服驱动器参数的设置

操作步骤：

1）打开"Inno-2.0.5-F-beta-伺服"文件夹，双击"InoDriverShop"图标，创建工程名称，选择保存路径，单击"确定"。

2）添加"伺服驱动器 IS620P"，选择"软件版本"，单击"确定"。

3）在"设备拓扑"下拉菜单里双击"功能码列表"，根据需要对参数进行修改如图 3-4-4 所示。相关参数的选择见表 3-4-12。

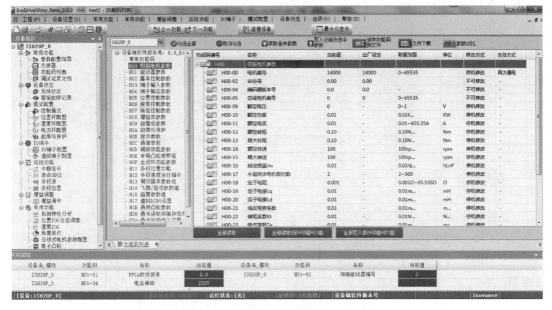

图 3-4-4　参数修改

表 3-4-12　相关参数的选择

参数编号	参 数 说 明	初始值	设定值
H00-00	电动机编号	14000	14101
H03-10	DI5 端子功能选择	1	0
H05-00	主位置指令来源	0	2
H05-02	电动机每旋转 1 圈的位置指令数	0	10000
H0C-00	驱动器轴地址	1	2
H0C-09	通信 VDI	0	1
H0C-11	通信 VDO	0	1
H11-04	位移指令类型选择	0	1
H17-00	VDI1 端子功能选择	0	1
H17-02	VDI2 端子功能选择	0	28

4）"写入已修改选中参数"，初次使用伺服的时候，建议"全部读取"伺服参数，然后进行参数修改。保存功能码到文件。

第三步：在通信协议中建立 PLC 与伺服的联系

操作步骤：

1）双击 63 号站（主站即 PLC），进行设置，如图 3-4-5 所示。

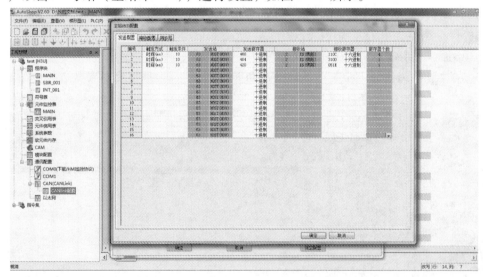

图 3-4-5　63 号站的设置

【导师有话说】

①PLC 的 D400 寄存器里存放的数据是转盘的位移，需要发送给伺服驱动器的 H11-12（11 是十六进制数，12 是十进制数），对应的从站寄存器地址就是 110C（十六进制）。由于伺服驱动器里表示第 1 段位移的功能码有四个，所以这里需要的寄存器个数为四个。

②伺服电动机使能与否，伺服电动机多段位置使能与否，需要专用的寄存器存放控制字。由于转盘位移占用四个寄存器，所以控制字寄存器是 D404。由于伺服驱动器接收信号

的 H17-00、H17-02 为虚拟输入端子，需要映射到寄存器 H31-00。

③本系统伺服电动机采用的是绝对值编码器，驱动器断电时编码器通过电池备份数据，上电后驱动器通过编码器绝对位置计算机械绝对位置，无需重复进行机械原点复归操作，但是我们需要把伺服电动机的原点复归使能控制 H05-30 映射到寄存器里。

2）双击 2 号站（从站即伺服），进行设置，如图 3-4-6 所示。

【导师有话说】

①PLC 需要实时监测伺服电动机的实际位置，所以需要把驱动器 H0B-58 的数据传送给 PLC 的 D450。

②通信的建立需要把伺服驱动器的寄存器 H30-01 内的状态值发送给 PLC 的 D452。

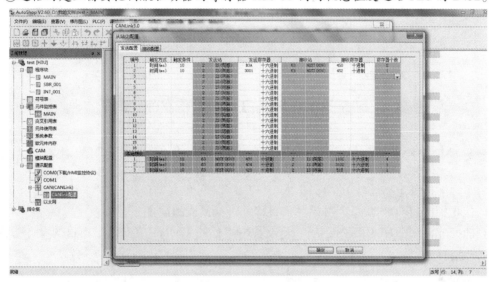

图 3-4-6　2 号站的设置

第四步：接线及调试

操作步骤：

1）伺服驱动器正确接线。

2）更改伺服驱动器的参数，结合程序进行调试。

清洁整理现场将剩余材料归还、产生垃圾回收、工具放回工具箱、卫生清扫。

【导师有话说】　养成良好的工作习惯。

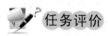
任务评价

序号	评分内容	评分细则	配分	自评得分	互评得分
1	系统组成	准确说出系统构成及工作方式	1		
2	伺服驱动器的线路连接	线路连接正确，符合工艺要求	1		
3	伺服驱动器参数设置	清楚表述各参数的意义，通过面板设置参数	2		
4	CANLink 通信的建立	主站、从站的设置；主站的配置；从站的配置	3		

（续）

序号	评分内容	评分细则	配分	自评得分	互评得分
5	调试	通信建立，伺服电动机运行正常	1		
6	团队协作	及时沟通、互帮互助	1		
7	安全文明生产		1		
		评分人签名			

【导师有话说】 只有善于总结，才会有更高的进步，现在整理一下思路，小结一下吧！

_____

_____

_____

_____

任务二　基于 Modbus TCP 通信的触摸屏控制

任务目标

1. 掌握触摸屏组态软件 Ino Touch Editor V2.6.1 的安装与使用。

2. 能识别汇川 IT6000 系列触摸屏接口，并进行接线和设置。

3. 能完成汇川 IT6070E 触摸屏和 H3U 系列 PLC 的 Modbus TCP 通信项目的设计与调试。

任务描述

根据某工程任务要求，现需要监控汇川 H3U 系列 PLC 两个输入端口 X0 和 X1 的状态，系统根据输入端口状态做出输出处理，输出端口分别对应为 Y0 和 Y1，其中需要统计其接通的次数，达到设定统计次数后 Y0 立即输出，需要统计 X1 的接通时间，达到设定接通时间后 Y1 输出，两个通道的设定值分别由触摸屏给定。系统要求触摸屏具有欢迎界面和主界面，主界面可进行参数设定、计数器复位和当前值、输出显示。

指定方案

汇川 IT6070E 触摸屏和 H3U 系列 PLC 均提供了丰富的通信接口用于和周边设备进行通信，两者之间可以通过 RS-485、RS-232 或者基于以太网口的 Modbus TCP 通信，从而实现触摸屏对 PLC 的控制和监视。采用何种通信协议应根据工作端口及通信协议实际需要进行选择，本任务以通过以太网接口采用 Modbus TCP 协议进行通信完成任务。

任务准备

1. 认识 IT6070E 触摸屏

【导师有话说】 我们通常所说的触摸屏就是指用于工业环境的人机界面，即 Human Machine Interface，简称 HMI，也叫作"人机接口"，是系统和用户之间进行交互和信息交换的媒介，它实现信息的内部形式与人类可以接受形式之间的转换。从直观应用角度来说

HMI 通过一条数据线和控制器例如 PLC 相连，可以对 PLC 发命令、写数据，同时可以将 PLC 的状态时时进行反馈显示。下面让我们一起来认识汇川 Ino Touch IT6070E 触摸屏。

（1）IT6070E 触摸屏的外观及接口　如图 3-4-7 所示，IT6070E 为典型 7 寸触摸屏，采用强大的 A8 内核处理器，数据处理及响应速度更快。它支持使用 USB 或者以太网连接计算机，实现在不拔出 HMI 和汇川 PLC 通信线的情况下，计算机通过 HMI 对 PLC 进行程序上传、下载、监控等操作，以简化调试工作；支持 Modbus 协议，自动实现高效率地与 PLC 进行通信；支持插入 U 盘对 HMI 固件、画面程序、配方数据等进行更新，配合汇川 PLC 使用时，可利用穿透功能更新 PLC 中的程序，方便大量生产设备的程序现场下载操作。此外，该产品编程具备离线模拟及在线模拟功能，方便 HMI 程序调试与系统调试。

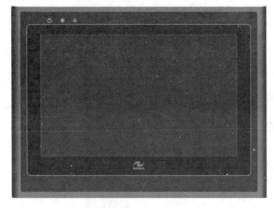
正面图

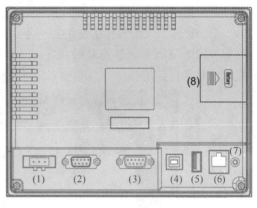
背面图

图 3-4-7　IT6070E 触摸屏

（2）触摸屏的接口及其功能　IT6070E 触摸屏接口丰富，可为支持市面上常见的工业控制器，强大的网络功能为灵活组建工控网络提供了便利。接口具体功能见表 3-4-13。

表 3-4-13　接口具体功能

序号	端口名称	接口功能	备注
1	电源接口	HMI 的 DC24V 供电	24V 为 +，GND 为 −，⏚接地
2	DB9 母座	HMI 与 PLC 通信	COM1：RS485/RS422；COM3：RS485
3	DB9 公座	HMI 与 PLC 通信	COM2：RS232
4	USB Client（Type B）	HMI 下载口	用于 PC 组态下载到 HMI
5	USB Host（Type A）	HMI 存储口	用于 U 盘数据读写，连接鼠标等
6	以太网口（RJ45）	访问 PLC 或下载	
7	音频输出口	音频输出	选配
8	电池盖	内置电池接口	3V CR2032

注意事项如下：

①本产品只能采用直流电源供电，规定直流电压范围是 24V ± 4.8V。请勿将本产品和感性负载或控制器的输入电路共用电源。直流电源必须与交流主电源正确地隔离。

②将电源的正极接到 "+24V" 的端子上，直流的地接到 "GND" 的端子上，并将接地端可靠接地。

③DB9 公座和母座的具体定义，请参考随机配送的使用说明书。

④以太网口支持组态上传和下载，支持与具有以太网口的 PLC 通信，同时还可以接入交换机组成局域网。

（3）IT6070E 触摸屏的设置与校正

1）进入触控校准程序。通过系统设置菜单进入：HMI 上电启动过程中，手指轻按住屏幕，HMI 将进入"系统设置"输入密码框界面，密码输入框会有倒计时 20s，在倒计时 20s 内如果没有点击密码框，将自动进入校准程序，或直接输入系统设置密码，弹出系统设置菜单，单击"触摸校准"选项。

2）触摸屏校准操作。进入校准模式后，屏幕中间出现一个"＋"，如图 3-4-8 所示。

使用触控笔或者手指点触"＋"的中间，点触成功后"＋"会按图示的箭头方向移动（轻而准确地在"＋"光标的中心点一下，当目标在屏幕上移动时，重复该动作）。

完成以上五点的点触校准后，"＋"光标会消失，此时点触屏幕空白可退出；若校准失败光标会重新回到屏幕中央，重复以上 5 点校准即可。

图 3-4-8　触摸屏校准画面

【导师有话说】　触摸屏在强电磁干扰环境，容易出现触控位置不准确的现象，定期校准是有效的解决手段。

2. Ino Touch Editor 组态软件安装

Ino Touch Editor 组态软件是汇川技术 Ino Touch 系列 HMI 编程组态软件，组态界面友好，功能强大，简单易用。

（1）计算机配置要求（建议配置）

1）CPU：主频 2G 以上的 Intel 或 AMD 产品。

2）内存：空闲 1GB 或以上。

3）硬盘：最少有 1GB 以上的空闲磁盘空间。

4）显示器：支持分辨率 1024×768 个像素以上的彩色显示器。

5）Ethernet 端口和 USB 口：上下载画面程序时使用。

6）操作系统：Windows XP/Windows 7/Windows 10。

（2）软件来源 Ino Touch Editor 编程软件由汇川控制技术有限公司自主开发，可在深圳汇川技术网站下载最新版本软件，目前该软件的最新版本是 V2.6.1 版。

（3）软件安装

【导师有话说】 无论是 HMI 组态编程软件还是 PLC 的编程软件安装过程中应关掉计算机正在运行的应用程序，关掉或卸载计算机上的杀毒软件和卫士软件。触摸屏软件安装及使用说明见附录 B。

触摸屏组态的 5 个基本流程如下：

1）建立新工程。从菜单选新建工程，并选择适合的 HMI 机型作为编辑画面。

2）程序设计。建立窗口并放置所需元件。使用者可透过绘图工具绘画出专属自己程序的图形，使用图形库导入所需的图片和向量图，利用控件选单内的多样化元件尽可能的丰富程序。

3）储存和编译程序。每个程序在下载至 HMI 前，皆须编译成 ".EOH" 文件。

4）仿真程序并验证操作。为了避免程序在修改阶段需要多次下载至 HMI 以验证操作的正确性，会浪费太多时间，因此 Ino Touch Editor 提供两种模拟方式：离线仿真/在线仿真。

①离线仿真：在 PC 上模拟 HMI 与 PLC 的操作，但不需要与 PLC 连接。

②在线仿真：在 PC 上模拟 HMI 与 PLC 的操作，但需连接 PC 与 PLC，并设定正确通信参数，此仿真方式有 30min 限制。

5）下载程序至 HMI。下载是最后一个步骤，完成下载后 HMI 即可执行程序。

任务实施

第一步：设计线路并完成通信线的连接

操作步骤：设计 PLC 线路→安装 PLC 线路→完成 PLC、HMI 和 PLC 之间通信线的连接，如图 3-4-9 所示。

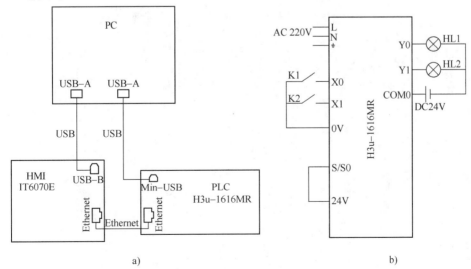

图 3-4-9 设计线路与通信线的连接

图 3-4-9a 所示为 PLC、HMI 和 PLC 之间通信线连接示意图，图 3-4-9b 所示为汇川 H3u-1616MR PLC 控制原理图。

【导师有话说】 按照既定方案及设计完成线路连接。

NO1：不管是通信线还是控制线，在进行线路连接时应该切断所有连接设备的电源。

NO2：触摸屏与 PLC 之间的以太网通信线采用普通的网线即可，即两端水晶头均采用 586B 标准压接。

第二步：PLC 程序设计及设置

操作步骤：设置 H3U PLC→组态 PLC 设置→PLC 程序编辑与工程下载。

①H3u-1616MR PLC 以太网通信站号设置。

IT6070E 触摸屏和 H3U-1616MR PLC 通信就需要设置 PLC Modbus TCP 通信的站号，PLC 的站号需要进行设置，该款 PLC 上的 Station 站号设置最后 IP 地址的最后一段，假设本工程最后一段 IP 地址设为 9，则对应二进制数为 1001，即将 Station 站号设置 DIP 开关的 5 和 8 设为 1。具体设置见表 3-4-14，设置后的 PLC 的 IP 地址为 192.168.1.9。

表 3-4-14　PLC 站号的设置

	3	4	5	6	7	8	设定值
ON			■			■	001001
OFF	■	■		■	■		9

【导师有话说】 站号设置完成后，请将 PLC 重启一次，以使 IP 地址生效。

②组态 PLC 设置。

打开 Autoshop 软件，新建 H3U 工程项目，双击工程管理树通信配置下的"以太网"进行 PLC 的 IP 地址设置。如图 3-4-10 所示，将 IP 地址设置为 192.168.1.9。

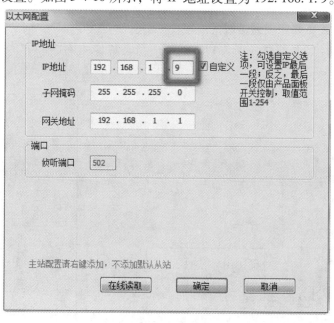

图 3-4-10　IP 地址设置

③PLC 程序编辑与工程下载。

【导师有话说】　此项目 PLC 程序为简单的位控程序，在此提供简单的参考程序，你还有其他方法实现项目要求吗？

本项目的参考程序如图 3-4-11 所示。

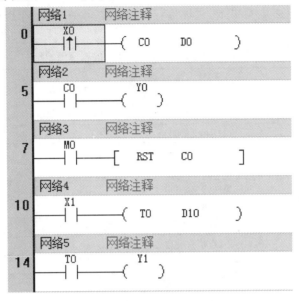

图 3-4-11　PLC 参考程序

程序编辑完毕按 "F8" 后单击 "下载" 下载程序，注意勾选 "以太网配置"，如图 3-4-12 所示。

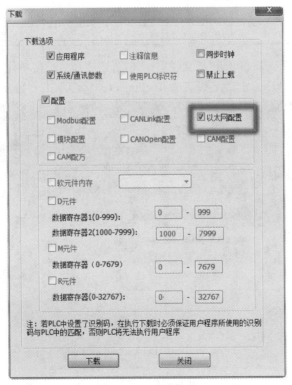

图 3-4-12　下载程序

第三步：触摸屏组态与下载

【导师有话说】 触摸屏与 PLC 的通信是基于 Modbus TCP 协议，因此两者之间的通信涉及 Modbus 通用地址，最新的组态软件已将 Modbus 地址做了处理，对于其他屏幕或其他版本的软件，你仍要使用通用 Modbus 地址进行组态，汇川 H3U 系列 PLC 的软资源地址见表 3-4-15。

表 3-4-15　汇川 H3U 系列 PLC 的软资源地址

线圈地址		
变量名称	起始地址	线圈数量
M0-M7679	0（0）	7680
M8000-M8511	0x1F40（8000）	512
SM0-SM1023	0x2400（9216）	1024
S0-S4095	0xE000（57344）	4096
T0-T511	0xF000（61440）	512
C0-C255	0xF400（62464）	512
X0-X377	0xF800（63488）	256
Y0-Y377	0xFC00（64512）	256
寄存器地址		
变量名称	起始地址	寄存器数量
D0-D8511	0（0）	8512
SD0-SD1023	0x2400（9216）	1024
R0-R32767	0x3000（12288）	32768
T0-T511	0xF000（61440）	512
C0-C199	0xF400（62464）	200
C200-C255	0xF700（63232）	56（32 位）

打开 Ino Touch Editor 软件单击"文件"→"新建工程"，在新建工程窗口将 HMI 型号选为 IT6070E（800×480），定义工程名为 firstproject，然后单击"确定"，如图 3-4-13 所示。

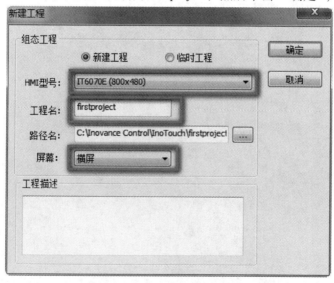

图 3-4-13　新建工程

此时弹出如图 3-4-14 所示连接设备的设置窗口，单击"取消"。

如图 3-4-15 所示，单击鼠标右键本地设备下 Ethernet "添加设备"。

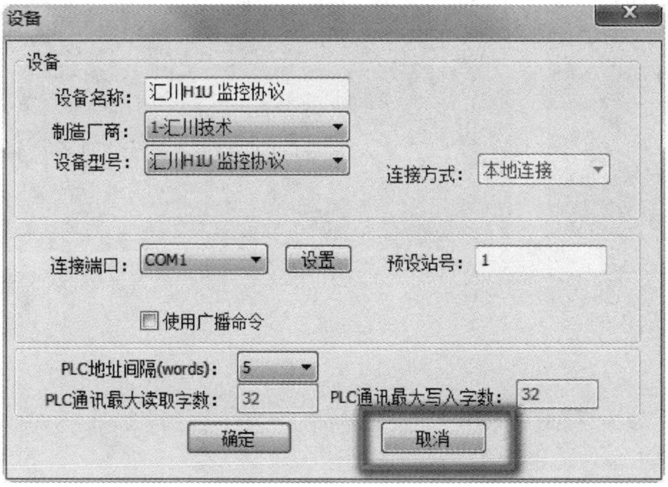

图 3-4-14　连接设备设置窗口　　　　　　　　　图 3-4-15　添加设备

对添加的设备进行属性设置，如图 3-4-16 所示。

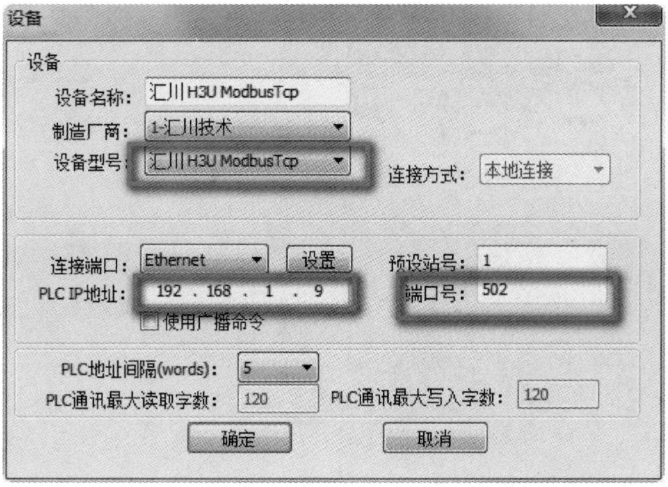

图 3-4-16　设备属性设置

【导师有话说】　首先设备型号为汇川 H3U Modbus TCP；其次 PLC IP 地址设为 PLC 的 IP 地址为 192.168.1.9；最后 PLC 的端口号固定为 502。

根据项目要求组态好的欢迎界面和主界面如图 3-4-17 所示。

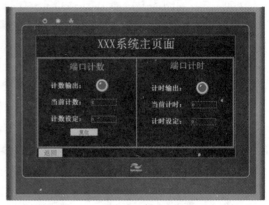

图 3-4-17　欢迎界面和主界面

【导师有话说】　下面我们一步步来完成该项目的组态。

单击右键"组态画面"，单击"添加页面"增加一个"基本画面"并将两个基本画面分别命名为：欢迎页面和主页面，如图 3-4-18 所示。

图 3-4-18　命名欢迎页面和主页面

单击右键主页面点击"属性"将页面背景色改为黑色。用同样的方法设置欢迎页面的背景色为深绿色，如图 3-4-19 所示。

在欢迎页面右键单击选择"按钮"→"功能键"创建主页面翻页按钮，并设置按钮属性，修改按钮的标签。用同样的方法在主页面制作一个"返回"欢迎页面按钮，如图 3-4-20 所示。

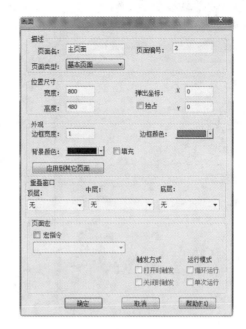

图 3-4-19　设置背景颜色

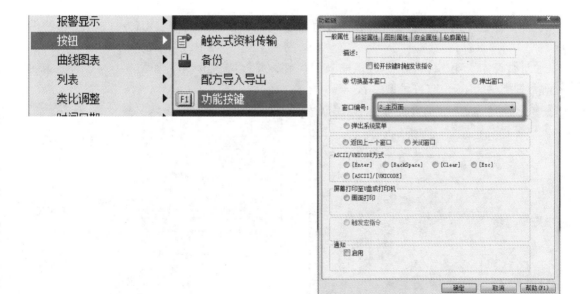

图 3-4-20　修改按钮标签

在欢迎页面单击按钮创建文本框，显示文本为"欢迎使用 XXX 系统"更改文本属性，如图 3-4-21 所示。并用同样的方法在主页面创建所需的标识文本，同时完成主页面边框的绘制。

计数输出 Y0 指示灯的组态，创建位状态指示灯控件，并将位状态指示灯连接变量 Y0，并通过组态使指示灯闪烁，如图 3-4-22 所示。

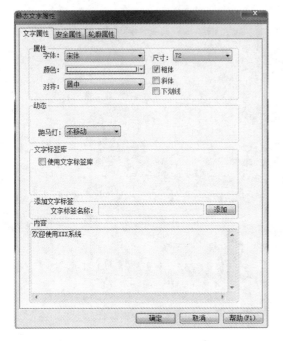

图 3-4-21　更改文本属性

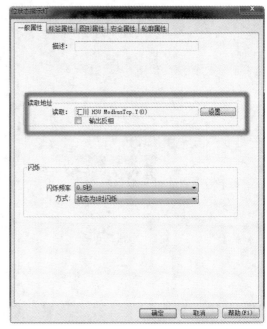

图 3-4-22　创建位状态指示灯控件

"当前计数"值显示组态，点击"数值显示"控件，并连接变量 CW0，如图 3-4-23 所示。

"计数设定"组态，点击"数值输入"控件，并连接变量 D0，如图 3-4-24 所示，特别提醒数据类型为 16 位有符号型。

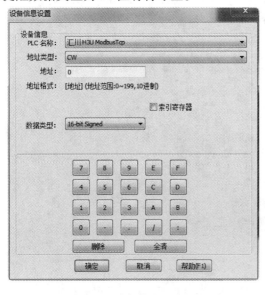

图 3-4-23　设备信息设置（1）

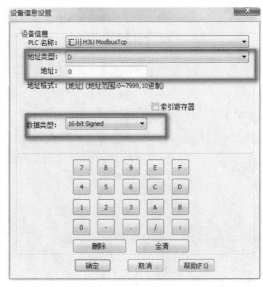

图 3-4-24　设备信息设置（2）

计数器"复位"按钮组态，点击"位状态设置"按钮，并连接变量 M0，设置开关类型为"复归型"如图 3-4-25 所示。

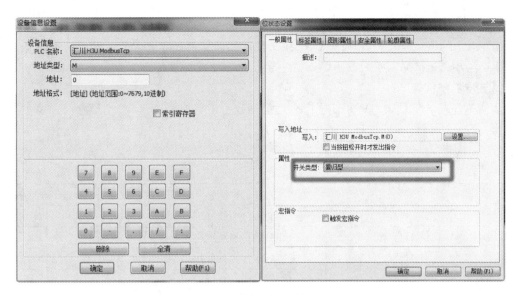

图 3-4-25 设备信息设置（3）

　　用同样的方法完成端口计时的组态。

　　组态完毕后，压下"F7"键组态软件会自动对组态进行编译，并会弹出编译结果，此时单击"开始下载"按钮，即可将组态下载到 HMI 中，如图 3-4-26 所示。

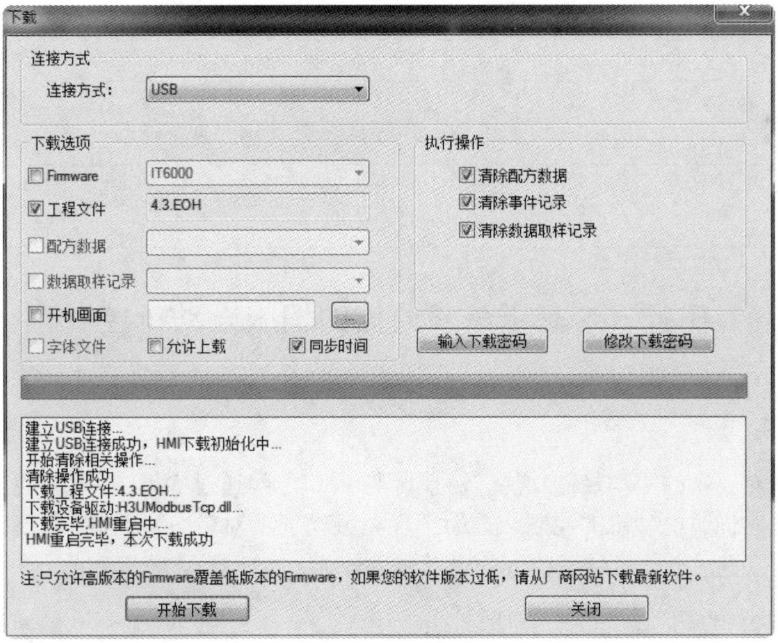

图 3-4-26 下载

第四步：项目任务调试

按照项目任务要求，进行系统综合调试，对存在的问题进行改进。

【导师有话说】

NO1：系统调试涉及 PC、PLC 和 HMI 三方的协调，因此非常考验设计者的综合能力。

NO2：系统调试完毕应对组态界面进一步优化和美化，最终达到方便美观的目的。

第五步：整理现场

清洁整理现场将剩余材料归还、产生垃圾回收、工具放回工具箱、卫生清扫。

【导师有话说】 养成良好的工作习惯。

任务评价

序号	评分内容	扣分标准	配分	自评得分	互评得分
1	PLC 接线	每接错 1 根线扣 2 分	10		
2	通信线连接	每接错 1 根线扣 2 分	10		
3	PLC 编程	指令用错一条扣 3 分	20		
4	触摸屏组态	组态每错一处扣 3 分	30		
5	系统调试	根据调试结果扣分	20		
6	安全文明生产		10		
		评分人签名			

【导师有话说】 只有善于总结，才会有更高的进步，现在整理一下思路小结一下吧！

_____

_____

_____

_____

_____

_____

_____

任务三　基于总线通信的伺服电动机控制

任务描述

为了实现对转盘的手动控制功能，触摸屏与 PLC 之间通过 Modbus TCP 通信，通过操作触摸屏，实现对伺服电动机的控制，进而实现在触摸屏上对转盘进行正转点动、反转点动、0°位置、180°位置、电动机位置清零、电动机去使能、电动机停止等功能操作。

任务目标

实现通过触摸屏对伺服电动机的手动控制功能。

任务准备

1. 完成伺服电动机、触摸屏、PLC 之间的接线。

2. 正确设置伺服电动机上有关参数。

3. 在新建的 PLC 程序中做好与伺服电动机的 CANLink 通信。

4. 对要实现的转盘功能进行列表。

任务实施

第一步：根据任务要求列出需要涉及的功能

1）可在触摸屏中对转盘速度、加速度进行更改。

2）可以根据实际要求重新定义转盘零点位置。

3）定义 0°、180° 转盘旋转位置并能够操作触摸屏使转盘在两个位置之间左右旋转。

4）在任何情况下均可通过去使能功能使转盘立即停止运行。

5）增加手动点动功能，在定义零点位置时根据点动功能使转盘左右轻微旋转。

第二步：确立寄存器地址（见表 3-4-16）

表 3-4-16　寄存器地址的确立

地址	含　义	地址	含　义
D400	存储发送给伺服电动机的脉冲值	D404	伺服电动机使能
D402	转盘速度	D420	转盘机械位置清零
D403	转盘加速度		

【导师有话说】

1）在触摸屏等硬件设备与计算机连接后首先需要判断 PC 端是否能与硬件设备进行通信。例如，触摸屏通过以太网与计算机连接后，从 PC 端键盘窗口键 + R 输入 CMD PING + 触摸屏的 IP 地址就可以查看计算机与该 IP 地址是否联机，当请求超时或计算机发送数据没有反应时可判断出 PC 与触摸屏没有连接，此时需要重新检查线路。

2）寄存器地址的确立应该在通信设置之前进行，然后再根据地址设置 PLC 与伺服电动机的 CANLink 通信连接。

第三步：PLC 程序编写

1）设备通电 PLC 运行第一次循环扫描就将转盘速度、加速度传送给伺服电动机。此时程序使用了 MOV 赋值指令，如图 3-4-27 所示。

图 3-4-27　扫描程序

2）由于编写的 PLC 程序要配合触摸屏运行，因此在编写程序时需要加入中间变量作为触摸屏中预留的开关，这里可以用中间变量 M。例如，PLC 有关控制伺服电动机的梯形图程序如图 3-4-28 所示。

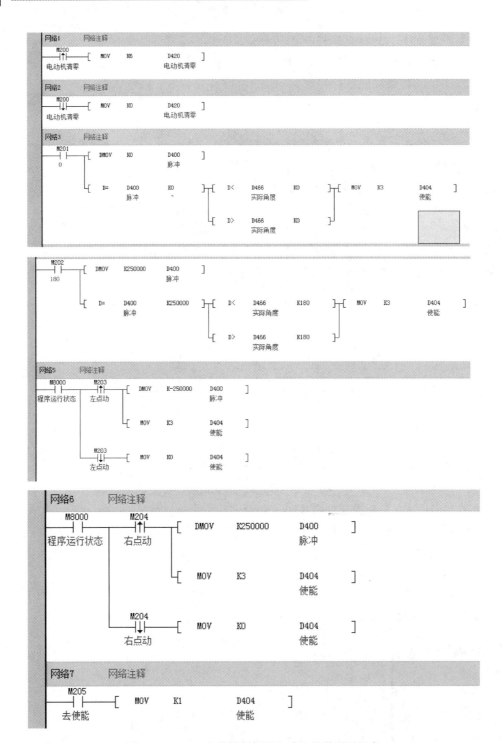

图 3-4-28　PLC 有关控制伺服电动机的梯形图程序

【导师有话说】

当 D404 赋值为 3 时为伺服使能；而 D404 赋值为 1 时为去使能电动机不转。

第四步：触摸屏的绘制

PLC 程序编写完毕后，还要根据需要绘制触摸屏并在绘制界面后对应其变量。

1. 屏幕绘制

屏幕中需要绘制：转盘正反转点动、180°和0°位置、转盘电动机去使能、位置清零、速度设置等。绘制界面如图 3-4-29 所示。

图 3-4-29　绘制界面

2. 变量对应

双击绘制好的按钮以正转点动按钮为例，先出现"位状态切换开关"窗口，单击"读取地址"中的"设置"按钮填写设备信息，PLC 根据实际情况我们使用的是汇川 H3U，通信方式为 Modbus TCP，上文提到按钮变量对应使用的是 M 中间寄存器（地址类型），如图 3-4-30 所示。

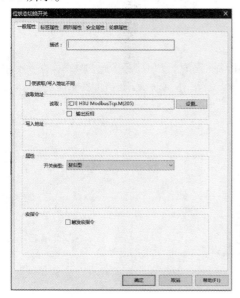
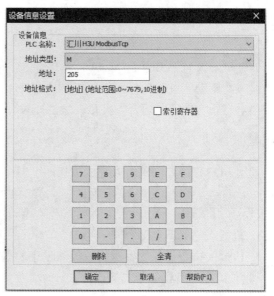

图 3-4-30　变量对应

【导师有话说】

在设置按钮时需要注意按钮的类型，按钮分为切换开关、复位型等，因此按钮的设置需要根据设备实际使用类型。

任务评价

序号	评分内容	评 分 细 则	配分	自评得分	互评得分
1	转盘、触摸屏功能的实现	能够修改转盘速度、加速度	2		
2		能够实现转盘正反转点动	2		
3		能够实现转盘0°、180°位置旋转	2		
4		能以任意位置作为0点位置	1		
5		能够随时使电动机去使能	1		
6	团队协作	及时沟通、互帮互助	1		
7	安全文明生产		1		
		评分人签名			

【导师有话说】 只有善于总结，才会有更高的进步，现在整理一下思路小结一下吧!

_____

_____

_____

_____

任务四　远程控制的四轴机器人自动上料

任务描述

四轴机器人与 PLC 通过 Modbus TCP 通信互相传输数值，PLC 能够通过编写程序控制四轴机器人的运动使机器人将按钮原材料从零件库摆放到转盘上，其中在机器人放置按钮底座时需要电磁阀、传感器配合使夹爪夹紧底座。

任务目标

编写 PLC 程序控制机器人完成按钮的上料工作。

任务准备

1. 机器人与 PLC 信号线的连接。
2. 机器人按钮材料放置点的示教和程序的编写。
3. 触摸屏与 PLC 信号线的连接。

任务实施

第一步：机器人与 PLC 通信

1）四轴机器人与 PLC 通过 Modbus TCP 通信，将机器人与计算机都用网线连接在工业交换机上，在机器人示教器上设置好机器人的 IP 地址，然后在 PC 端键盘窗口键 + R 输入 CMD PING + 机器人的 IP 地址就可以查看计算机与该 IP 地址是否处于联机状态，如果处于离线状态则检查机器人与 PLC 之间的连线。

2）在 PLC 的程序中点击以太网，在以太网配置中设置相关参数，其中 IP 地址为本机的地址，如图 3-4-31 所示。

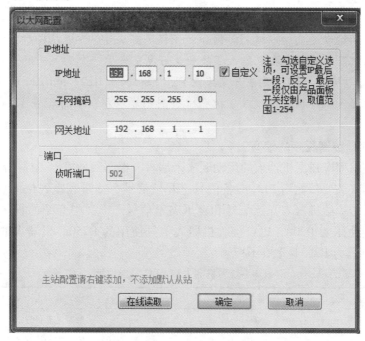

图 3-4-31 以太网配相关参数的设置

【导师有话说】

本机的 IP 地址可以任意更改，但是需要注意两点。

①IP 地址需要与机器人、触摸屏等其他相关设备的地址在同一网段内。

②设备之间的 IP 地址不能相同。

3）右键单击以太网添加以太网配置，在配置中建立四轴机器人与 PLC 的通讯通道，如图 3-4-32 所示。

图 3-4-32 添加以太网配置

【导师有话说】

①PLC 与机器人之间有数据传输，因此需要在功能选择上区分写寄存器和读寄存器。

②从站寄存器地址是开发四轴机器人时一开始就定义好的，因此其地址的修改需要在四轴机器人 PLC 的底层程序中修改。

③主站缓冲区的地址由 PLC 中编写的程序决定，在编写程序时可以根据实际情况和使用习惯加以选择。

第二步：触摸屏与 PLC 的连接

详情请见任务三。

第三步：四轴机器人程序点的示教与编程

示教与编程方式详情请见项目二。

【导师有话说】

①PLC 控制机器人为自动状态，此时操作者只能控制机器人的急停，因此需要在机器人程序中对机器人的运动速度加以限制。例如，在程序前端对整体速度进行限制：Velset 100。

②PLC 控制机器人的变量在机器人程序中就好像充当了一个开关一般，例如在程序中编写 IF R227 > 0 AND R226 == 1，则表示要满足 PLC 给机器人 R227 和 R226 的值都要满足上面要求时才能使机器人程序指针继续往下执行，否则机器人指针会停留在 IF 上直到满足条件为止。

第四步：PLC 控制程序的编写

PLC 程序的编程应根据机器人的运动顺序来编写，根据四轴机器人抓取放置按钮零件的示教编程，机器人需要传输给 PLC 准备信号、开始信号、按钮底座到位信号、放置完成信号等。PLC 需要传输给机器人开始信号和夹爪夹紧信号。本文中介绍的程序 PLC 控制机器人临时存储地址使用的 D200，PLC 接收机器人信号使用的 D250。机器人的接收存储器为 R224，发送存储器为 R2，见表 3-4-17。

表 3-4-17 机器人和 PLC 发送地址

机器人发送地址	传输数值	数 值 含 义
R2	1	机器人准备完成
	2	机器人运行开始
	3	机器人达到按钮底座放置点
	4	机器人放置完成
	5	机器人准备开始下一个循环
PLC 发送地址	传输数值	数 值 含 义
D200	1	机器人开始信号
	2	夹爪夹紧完成信号

机器人与 PLC 的配合流程是：机器人开始运行后首先对位置信号复位后发送一个复位完成的信号给 PLC，等待 PLC 反馈一个开始信号则机器人开始运行并抓取按钮原料（原料抓取的顺序根据示教者而定）。开始抓取时机器人会反馈一个开始工作的信号表示其接收到之前 PLC 反馈的信息，直到机器人将按钮底座放到放置点时发送一个到位信号，并等待机器人控制电磁阀使夹爪抓紧底座，然后反馈抓紧完成信号，机器人收到信号后运动到安全位置并反馈完成信号同时准备下一个工作循环的开始，如图 3-4-33 所示。

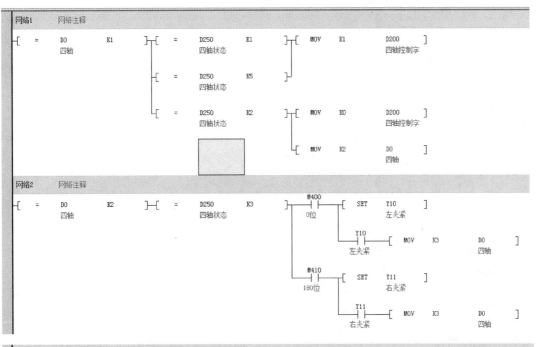

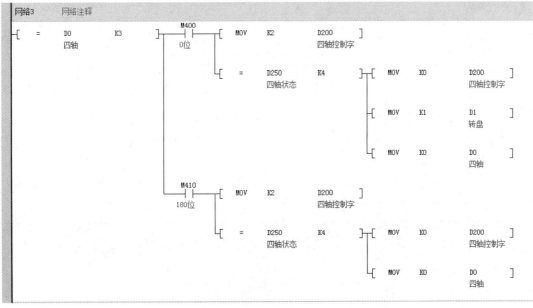

图 3-4-33　机器人与 PLC 配合流程

【导师有话说】

①为了提高装配的工作效率，转盘左右两边都可以放置工件，当四轴机器人在 0° 位置送料完成时转盘会旋转 180° 使四轴机器人继续送料同时启动六轴机器人对 0° 位置的按钮零件进行装配，两个机器人互相配合使工作效率大幅度提高，其梯形图程序如图 3-4-34 所示。

②PLC 控制机器人运行时为自动运行状态，所以触摸屏是不起控制作用的，其主要起实时反映相关设备状态和机器人示教作用。

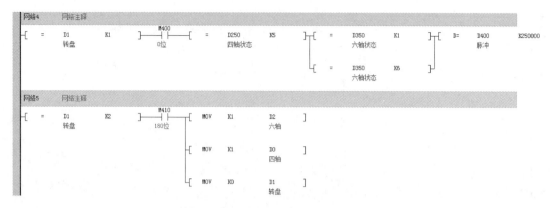

图 3-4-34　四六轴机器人配合梯形图程序

第五步：联动调试及修改完善程序

【导师有话说】

①程序需要根据联动运行实际情况及时做出修改，保证设备平稳、安全、高效地运行。

②设备运行时手要放置在急停按钮上，这样可以保证在出现紧急情况下能迅速做出应急反应，确保人身和设备安全！

 任务评价

序号	评分内容	评 分 细 则	配分	自评得分	互评得分
1	PLC 与四轴机器人能够通信	PLC 与机器人之间数据能够互相传输	1		
2	PLC 与触摸屏能够通信	触摸屏能够满足要求正常使用	1		
3	PLC 能够控制机器人运动	机器人的运动流程被 PLC 控制	2		
4	PLC 与机器人能够成功对按钮零件上料	机器人成功在 PLC 的控制下上料并运行无误	3		
5	高效节能	运行效率高、消耗电能少	1		
6	团队协作	及时沟通、互帮互助	1		
7	安全文明生产		1		
		评分人签名			

【导师有话说】只有善于总结，才会有更高的进步，现在整理一下思路小结一下吧！

_____

_____

_____

_____

_____

任务五　基于视觉检测的按钮分类存储

📖 任务描述

智能相机、六轴机器人与 PLC 之间通过 Modbus TCP 通信，PLC 程序控制六轴机器人对

按钮零件进行装配，装配完成后视觉系统对按钮进行检测，对检测合格的按钮，六轴机器人会根据按钮颜色送入成品库，而质量不合格的按钮则放置到废料盒中。

 **任务目标**

利用 PLC 控制相机对完成装配的按钮拍照并识别其颜色，六轴机器人根据识别的颜色分类将合格品摆放到成品库。

任务准备

智能相机系统介绍如下：

1）系统功能：系统由视觉控制器、视觉显示器和一个高清相机组成，可实现工件的颜色、形状与缺陷检测功能；还可以与 PLC 完成基于网口和串口的通信，如 Modbus-RTU、Modbus TCP 等。该系统是自主研发结合各行业应用特点而推出，操作简便、设置灵活、集成度高、体积小、稳定可靠等特点。

2）系统参数：

①系统电压：220V。

②相机像素：200 万个像素。

③相机分辨率：640×480 个像素。

④显示器分辨率：1024×768 个像素。

⑤显示器尺寸：7in。

⑥检测图像输出接口：VGA、HDMI。

⑦通信协议：ModbusRTU、Modbus TCP、TCP/IP 等。

⑧操作方式：鼠标、键盘、触摸。

⑨编程方式：可视化编程。

任务实施

第一步：相机、机器人与 PLC 通信连接

相机、机器人与 PLC 之间通过以太网通信，首先在相机和机器人屏幕上设置其 IP 地址，注意 IP 地址要与其他设备在同一网段内并且要是唯一的。然后在 PC 端键盘窗口键 + R 输入 CMD PING + 相机或机器人的 IP 地址就可以查看计算机与该 IP 地址是否处于联机状态，如果处于离线状态则检查相机或机器人与 PLC 之间的信号线的连接是否有问题。

第二步：相机颜色学习

1）单击新建作业并取上名字后确定，设置成功会出现如图 3-4-35 所示画面。

2）新建样本，先将需要检测的工件放到合适的位置，然后将实时图像上的红色

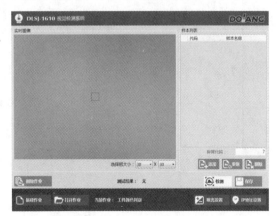

图 3-4-35　新建作业并命名

选择框拖动到合适位置。点击作业编辑界面上的添加按钮，这时样本列表会添加一个空行，在空行的代码和样本名称两列分别录入代码和样本名称，最后单击保存按钮，样本列表的最后一列显示的是录入的颜色。按钮颜色分为黄色、蓝色、红色三种，正常情况下显示这三种颜色，但是在工件为次品时显示黑色或灰色。

【导师有话说】

①曝光值会影响样本检测的准确性。如果实时图像太暗，则需要调大曝光值，反之则调小。

②随着时间的推移，光线会受到影响，在之前相机学习的颜色在几个小时之后也许就由于明暗强度的影响需要重新学习，此时直接调整曝光度是错误的做法。

③在相机学习结束后需要单击检测按钮以验证学习的颜色是否成功。

第三步：相机、六轴机器人与 PLC 的以太网配置

双击以太网配置按钮，在弹跳出来的配置框中填写通信连接，如图 3-4-36 所示。

3	6	192.168.1.12	循环	写寄存器	00	4	D300	502	1	Modbus TCP
4	6	192.168.1.12	循环	读寄存器	20	1	D350	502	1	Modbus TCP
5	X	192.168.1.13	循环	写寄存器	10	1	D500	502	255	Modbus TCP
6	X	192.168.1.13	循环	读寄存器	00	1	D550	502	255	Modbus TCP

图 3-4-36　填写通信连接

需要注意的是，相机和机器人分别有写和读两种寄存器，其中相机在 PLC 中的缓冲区地址分别为 D500 和 D550，机器人缓冲地址为 D300 ~ D304 和 D350。从站寄存器地址为设备底层开发编写，需要到相对应设备中更改，此处选择开发默认状态。

第四步：PLC 相机控制、数据传输程序

此版本相机开发程度较高（简单），对相机参数设置基本不用更改，PLC 直接发送数值 1 就可以使相机拍照：MOV K1 D500；当相机端收到信号 1 时开始拍照并将拍照数据反馈给 PLC 保存在 D550 中，首先 PLC 端会对接收信息进行判断与分类，当数值为 1、2、3 时代表按钮是合格的，其中每个数值代表一种颜色并且会将对应数数值赋值给 D302 传送给机器人。当数值大于 3 时按钮为次品，统一传送数值 4 给 D302，如图 3-4-37 所示。

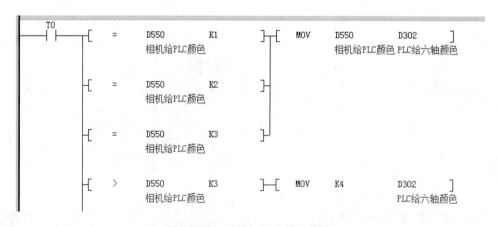

图 3-4-37　相机与 PLC 数据传输

【导师有话说】

寄存地址及传输数值见表 3-4-18。

表 3-4-18　寄存地址及传输数值

寄存地址	传输数值	意　　义
D500	0、1	PLC 控制相机停止拍照、拍照
D550	1、2、3、>3	PLC 接收相机拍照数据，1~3 对应按钮颜色，>3 时为次品
D300		六轴机器人控制字
D302	1、2、3、4	PLC 发送给机器人相机拍照数据，其中 4 为次品
D350		六轴机器人状态字
I1		接收 PIC 寄存器 D300 发送的信号
I3	1、2、3、4	接收 PIC 寄存器 D302 发送的信号
I33		接收 PIC 寄存器 D350 发送的信号

相机拍照结束并且数据传输后需要对 D500 赋值 0，否则相机会一直拍照。

第五步：PLC 对机器人的控制与机器人按钮分类程序

1) PLC 通过 D300 发送数值来限制机器人的运动，在本文的任务目标中六轴机器人只需要完成按钮的抓取和放置工作，因此根据要求分析 D300 分别有 1、2、3 这三个数值：1代表机器人开始工作，2 代表拍照完成，3 代表夹紧夹爪松开。PLC 寄存器 D350 接收的反馈信号要包含 1、2、3、4 四个数值：1 代表运行状态，2 代表抓取状态，3 代表抓取完成，4 代表放置完成。

2) 相机拍照后将数据传输给机器人，机器人根据接收数据判断工件摆放位置。机器人在转盘上的抓取点是一定的，因此颜色判断放置在主程序后部分如下：

```
IF I3 = 1 THEN
    CALL PROG = put1
    SET I33 = 3
    JUMP * HOME
END – IF
IF I3 = 2 THEN
    CALL PROG = put2
    SET I33 = 3
    JUMP * HOME
END – IF
IF I3 = 3 THEN
    CALL PROG = put3
    SET I33 = 3
    JUMP * HOME
END – IF
IF I3 = 4 THEN
```

```
CALL PROG = put4
SET I33 = 3
JUMP * HOME
```
END – IF

每个颜色放置的位置是不一样的，因此对颜色进行判断，符合条件的调用对应的子程序，每个子程序中分别示教按钮放置位置，其中 I3 = 4 时为次品工件。SET I33 = 3 是机器人赋值指令，3 的意义是机器人按钮分类完成。

【导师有话说】

在机器人程序的首端要对程序运行速度进行限制：

SPEED SP = 5　　　　　　　　　整体速率调整为 50%

DYN ACC = 50 DCC = 50 J = 128　加速度百分比为 50%，减速度百分比为 50%，加速度时间 128ms

任务评价

序号	评分内容	评 分 细 则	配分	自评得分	互评得分
1	PLC 与机器人通信	PLC 与机器人之间数值能够互相传输	2		
2	PLC 与相机通信	PLC 控制相机拍照，PLC 接收相机拍照数值	2		
3	机器人、PLC 程序	抓取位置正确，按照要求对不同颜色按钮分类放置	3		
4	调试	联动运行，高效节能	1		
5	团队协作	及时沟通、互帮互助	1		
6	安全文明生产		1		
		评分人签名			

【导师有话说】只有善于总结，才会有更高的进步，现在整理一下思路小结一下吧!

_____

_____

_____

_____

_____

_____

_____

_____

_____

_____

_____

_____

项目五　基于自动按钮装配生产线的综合应用
——自动按钮装配生产线的组装、编程与调试

任务描述

现公司新进一套自动按钮装配生产线，由于设备运输等原因，部分机械模块以及电气部件被拆下来，作为现场工程师的您需根据设备随机图样和现场提供的部件，补齐气动回路、电气线路以及机械模块；并且因运输过程较为颠簸，可能有已连接的线路出现短路或断路故障，需要您根据电气原理图查找并做记录。

安装并故障查找完成后需要完成设备的调试工作，设备功能如下：

1）设备分手动状态和自动状态两种工作模式（通过操作面板上的手动/自动旋钮切换）。

2）手动状态下完成以下任务：

①通过示教器控制四轴工业机器人自动完成按钮原材料的上料操作。

②通过示教器控制六轴工业机器人自动完成按钮装配及分类存储操作。

③通过触摸屏按钮控制伺服电动机旋转（方向、角度、速度），并且能在触摸屏上显示转盘的实时角度。

④手动点击视觉检测系统面板上的检测按钮，能在屏幕上显示正确的结果。

3）自动状态下完成以下任务：

①按下急停按钮，所有信号均停止输出，放松急停按钮，复位指示灯以 1Hz 频率闪烁，使用示教器操作两个工业机器人回安全点，按下复位按钮，复位灯常亮，转盘回 0° 位置，夹具放松，复位灯灭，使用示教器启动两个工业机器人，待工业机器人运行后，启动按钮指示灯灯以 1Hz 频率闪烁。

②按下启动按钮后，启动按钮指示灯常亮，启动四轴工业机器人完成按钮原材料上料操作。

③转盘顺时针旋转 180°，六轴工业机器人完成按钮装配操作，同时，在零件库有料的前提下，四轴工业机器人在另一工位完成上料操作。

④按钮装配完成后，检测机构通电，视觉进行判断颜色和质量（按钮灯芯不能被点亮视为不合格产品），六轴工业机器人根据视觉数据对产品进行分类存储。

⑤完成 12 个按钮对装配后，一个工作流程结束停止指示灯常亮。

任务目标

1. 能够按照装配工艺及技术要求熟练完成机械和电气线路装配。
2. 能够熟练完成电气线路的测试与故障检测。
3. 能够熟练完成四轴机器人的操作、编程与调试。
4. 能够熟练完成六轴机器人的操作、编程与调试。
5. 能够熟练完成 PLC 与各设备间的通信。
6. 培养高效节能意识。

子任务一　工业机器人硬件、电气及气动系统连接

任务描述

（一）硬件安装

根据任务书提供的机械装配图及产品装配工艺过程卡片，严格按照图样标准和工艺要求，将拆除的器件（见表 3-5-1）在任务平台上进行安装。

表 3-5-1　拆除器件清单

序号	名称	主要功能和技术参数	图　　片	数量
1	零件库	分类摆放按钮零部件	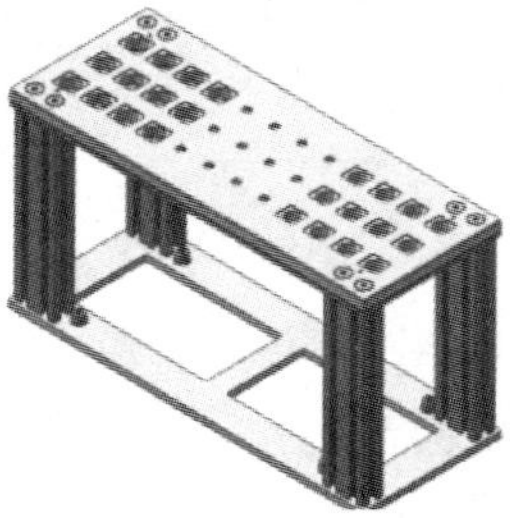	1 套
2	成品库	六轴工业机器人分类放置成品按钮	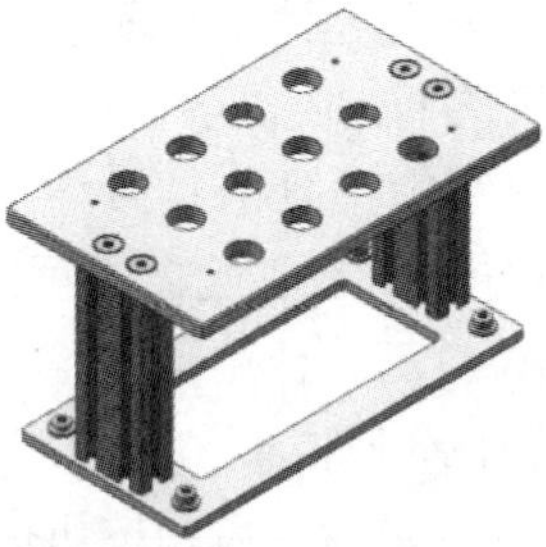	1 套
3	废品盒	六轴工业机器人放置废品按钮		1 套

（续）

序号	名称	主要功能和技术参数	图　片	数量
4	六轴工业机器人	完成按钮装配任务		1套
5	四轴工业机器人	完成按钮零部件上料工作		1套
6	视觉检测模块	成品按钮的分类		1套

（续）

序号	名称	主要功能和技术参数	图　　片	数量
7	环形装配检测机构	按钮装配以及检测平台		1 套
8	电磁阀模块	控制夹具的放松与夹紧		1 套

安装用标准件有一定冗余，硬件安装完成后的效果如图 3-5-1 所示。

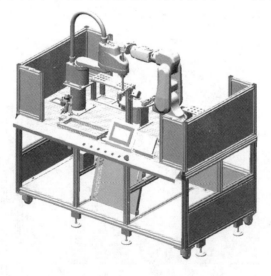

图 3-5-1　硬件安装完成后的效果

（二）电气线路装配

根据电气原理图及产品装配工艺过程卡片，严格按照图样标准和工艺要求，完成电气线路的连接。

（三）气动回路搭建

　　根据任务书描述,按照模块化思想(每个机器人所需夹具,采用其自身 I/O 模块控制电磁阀动作)和气动原理(电磁阀代号说明见表 3-5-2)完成气动回路的搭建。搭建完成后将工作气压调整到 0.5MPa。

表 3-5-2　电磁阀代号说明

序号	代号	作　用
1	YV1	A 侧转盘夹具电磁阀
2	YV2	B 侧转盘夹具电磁阀
3	YV100	四轴工业机器人大夹具电磁阀
4	YV101	四轴工业机器人小夹具电磁阀
5	YV200	六轴工业机器人小夹具电磁阀
6	YV201	六轴工业机器人小夹具电磁阀

(四)故障排除

　　在平台下方中间配电盘中已安装器件上面有 7 处故障,选手应根据电气原理图,将故障线的线号写到答题纸上,并注明故障原因(只查找故障并将故障及故障原因写到答题纸上,不进行故障排除)。注意事项如下:

　　1)选手在竞赛平台上按照任务书提供的图样和产品装配工艺过程卡片实施相关工作,每做完一项工序后,在产品装配工艺过程卡片"工艺流程确认"栏打"√",确认该工序已完成。

　　2)该任务实施过程中,不允许参赛选手给比赛用设备接通电源。

　　3)保持平台以及周围环境卫生。

　　4)该任务结束后,选手可举手示意裁判进行评判,举手后不得再进行与任务相关的其他操作;该任务评分结束后,由现场技术人员协助恢复故障。

🖐 **任务目标**

　　1. 能够按照装配工艺及技术要求熟练完成机械装配。

　　2. 能够按照装配工艺及技术要求熟练完成电气线路装配。

　　3. 能够按照技术要求熟练完成气动回路搭建。

　　4. 能够熟练完成电气故障检测。

◤ **任务准备**

　　1. 良好的参赛心理和自我情绪调节。

　　2. 得心应手的工具准备。

　　3. 得体的服饰。

　　4. 时间意识。

【导师有话说】

　　充分的工作准备是做好工作的前提,良好的心理素质和时间管理是完成工作的保障。因此,提前做好相应的准备工作,保持良好的心理状态,是十分有必要的。

任务实施

本任务共包含四项内容：机械硬件组装、电气线路安装、气动回路搭建、电气线路排故，在2016年全国工业机器人应用技术技能大赛中，完成本任务给定的时间是2h。

【导师有话说】在前面的项目中，已经给大家介绍了机械、电气安装的基本知识、工具使用等常识，也熟悉了完成这些工作的基本要求和操作规范，现在我们要做的，就是保证自己能够在2h内又快又准确地完成所有任务，那么，怎样才能做到这一点呢？在这里，导师给出的建议是：

1）熟悉设备构造。

2）合理使用工具。

3）熟练掌握电路、气路原理。

4）合理运用时间，提前做好计划，按步骤、有序地完成每一项工作。

子任务二　基于工业机器人系统应用的编程及调试

任务描述

（一）编程调试及运行前准备

1）将按钮原材料（按钮底座、灯芯和上盖）按照图3-5-2所示位置和颜色摆放到零件库内。

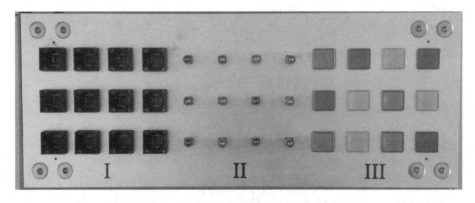

图3-5-2　零件库按钮原材料布局

2）将环形装配检测机构和成品库内的工件清空。

3）使四轴工业机器人各轴处于安全位置。

（二）各模块编程及调试要求

1. 四轴工业机器人程序编写及位置示教

1）根据工作流程在手持示教器上编写四轴工业机器人程序。

2）选择合适的夹具进行相应工件的夹取。

3）根据实际位置，使用手持示教器示教各位置坐标，轨迹点要求准确，不允许出现卡顿与碰撞现象。

4）程序可通过示教器自动运行验证，最终机器人通过 PLC 控制自动运行。

5）优化路径，提高节拍。

6）设置通信地址为 192.168.1.25。

7）站类型：ModbusTcp 从站。

注意：四轴工业机器人编程需要登录管理模式，密码为 000000（6 个 0）。

2. 六轴工业机器人程序编写及位置示教

1）根据工作流程在手持示教器上编写六轴工业机器人程序。

2）选择合适的夹具进行相应工件的夹取。

3）根据实际位置，使用手持示教器示教各位置坐标，轨迹点要求准确，不允许出现卡顿与碰撞现象。

4）程序可通过示教器自动运行验证，最终机器人通过 PLC 控制自动运行。

5）优化路径，提高节拍。

6）通信地址已设置为 192.168.1.26。

7）站类型：ModbusTcp 从站。

注意：六轴工业机器人通过示教器设置参数时，需通过系统信息中的用户权限，选择出厂设置，密码为 999999（6 个 9）。

3. 伺服驱动器的参数配置

伺服电动机与转盘之间的减速机，减速比为 1:50。

伺服驱动器参数已恢复为出厂设置，根据任务要求修改相应的参数，完成控制要求，并与 PLC 进行 CANlink 通信。具体要求如下：

1）用伺服系统软件 InoDriveShop 或手动设置修改伺服驱动器参数。

2）设置 CANlink 地址为 5。

3）站类型：CANlink 从站。

4）伺服系统通过现场总线方式与 PLC 交换数据。

5）伺服电动机带动转盘实现 0°~180° 旋转。

6）伺服电动机稳定运行，无异响。

注意：伺服电动机运转时，观察转盘位置，有异常情况及时断掉网孔板上面从左数第二个断路器，出现拉断转盘导线或气管，以及损坏转盘现象，按损坏设备处理。

4. 视觉系统的程序编写与调试

根据任务要求完成视觉程序的编写，能够识别按钮颜色和质量（按钮灯不能被点亮，视为质量不合格），可通过视觉检测系统界面上的检测按钮验证，也可通过现场总线传送到 PLC 中。具体要求如下：

1）联机状态下能够采用总线信号触发拍照。

2）设置视觉检测通信地址为 192.168.1.27。

3）通信方式为 ModbusTcp。

4）站类型：ModbusTcp 从站。

5）训练相应的模型及编写通信代号。

6）能够准确识别六种按钮（红色按钮、红色灯亮按钮、蓝色按钮、蓝色灯亮按钮、黄色按钮、黄色灯亮按钮），并将数据以 ModbusTcp 总线方式准确地传输给 PLC。

5. 触摸屏程序的编写与调试

根据任务要求完成触摸屏程序的编写，能够完成启动按钮、停止按钮、复位按钮、急停按钮和对应指示灯的全部功能，实时显示转盘角度，在线修改转盘速度，实现转盘顺时针点动和逆时针点动（点动是指按下对应按钮后转盘保持对应方向的旋转，松开按钮时停止旋转）。触摸屏参考画面如图 3-5-3 所示。

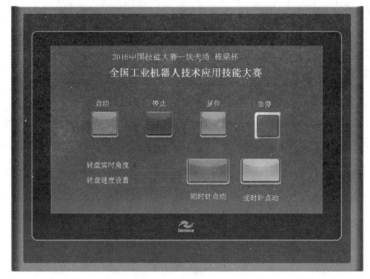

图 3-5-3　触摸屏参考画面

具体要求如下：

1）通信方式为 ModbusTcp。

2）要求伺服电动机速度调节范围为 0 ~ 800r/min。

6. PLC 程序的编写与调试

根据任务描述完成 PLC 控制程序的编写与调试，协调工业机器人、环形装配检测机构以及视觉检测模块工作，完成按钮的上料、装配、检测以及产品分类存储。具体要求如下：

1）完成 PLC 与四轴工业机器人通信程序的编写，要求采用 ModbusTcp 通信。

2）完成 PLC 与六轴工业机器人通信程序的编写，要求采用 ModbusTcp 通信。

3）完成 PLC 与视觉系统通信程序的编写，要求采用 ModbusTcp 通信。

4）完成 PLC 和伺服驱动器通信程序的编写，要求采用 CANlink 通信。

5）按照手动调试需完成工作和自动工作流程编写 PLC 控制程序。

6）程序编写要注重生产效率的提高。

7）设置通信地址为 192.168.1.20。

8）站类型：ModbusTcp 主站。

（三）各模块手动调试工作

将操作面板上"手动/自动"旋钮打到手动状态，需要完成如下工作：

1. 四轴工业机器人

可使用示教器手动控制机器人将按钮原材料（按钮底座、灯芯和上盖）从零件库搬运至环形装配检测机构指定位置的连续运行。

2. 六轴工业机器人

可使用示教器手动控制机器人将按钮原材料（按钮底座、灯芯和上盖）完成按钮装配（将灯芯装入按钮底座中，再将上盖装在按钮底座上）的连续运行。

可使用示教器手动控制机器人将装配完成的按钮根据程序搬运至成品库指定位置或废料盒内的连续运行。

3. 环形装配检测机构

在触摸屏上可设置转盘旋转速度，并且实时显示转盘当前位置的角度值。其中0°位置如图3-5-4所示。

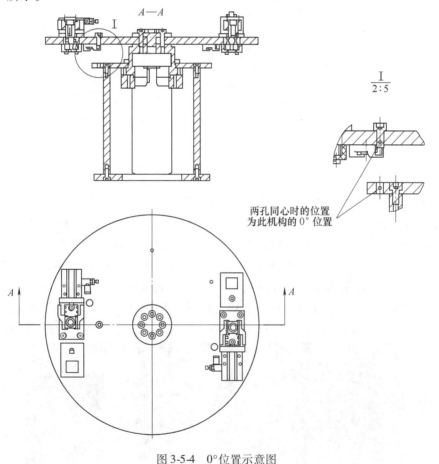

图3-5-4　0°位置示意图

4. 视觉检测装置

进行新建作业及新建样本操作，完成样本更新，手动点击检测按钮，在显示器上显示正确结果。

（四）任务自动工作流程

将操作面板上"手动/自动"旋钮置于自动状态，主要工作流程如下：

1）按下急停按钮，所有信号均停止输出，放松急停按钮，复位指示灯以1Hz频率闪烁，使用示教器操作两个工业机器人回安全点。

2）按下复位按钮，复位灯常亮，转盘回0°位置，夹具放松，复位灯灭。

3）使用示教器启动两个工业机器人，待工业机器人运行后，启动按钮指示灯以1Hz频率闪烁。

4）按下启动按钮后，启动按钮指示灯常亮，启动四轴工业机器人抓取按钮底座放入环形装配检测机构A位置按钮底座夹具内，夹具夹紧后，机器人再抓取按钮灯芯，放到转盘A位置灯芯暂存区，然后机器人抓取上盖，放到转盘A位置上盖暂存区。存放位置说明如图3-5-5所示。

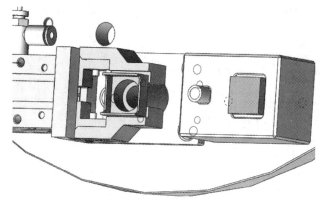

图3-5-5　存放位置说明

5）转盘顺时针旋转180°，A位置进入六轴工业机器人装配和视觉检测区，同时B位置也已进入四轴工业机器人操作区，此时，六轴工业机器人在A位置进行按钮装配（先将灯芯装入按钮座内，再将上盖装配到按钮底座上），四轴机器工业机器人在B位置进行上料操作（在零件库有料的前提下，先将按钮底座放到按钮底座夹具内并夹紧，再将灯芯放入灯芯暂存区，然后将上盖放入上盖暂存区），六轴工业机器人完成装配后，检测机构通电，通过视觉判断按钮颜色及质量（按钮灯不能被点亮，视为质量不合格），合格按钮由六轴工业机器人根据视觉判断结果按照图3-5-6的要求放到成品库内，不合格按钮放到废料盒内。

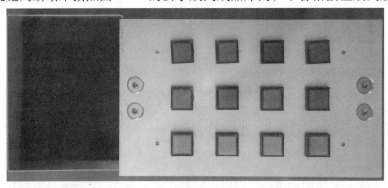

图3-5-6　成品库按钮成品摆放

6）A位置按钮入库完成并且B位置搬运动作完成（按钮底座、灯芯和上盖都放到指定位置），转盘逆时针旋转180°，B位置进入六轴工业机器人装配和视觉检测区，同时A位置也已进入四轴工业机器人操作区，此时，六轴工业机器人在B位置进行按钮装配（先将灯芯装入按钮座内，再将上盖装配到按钮底座上），四轴机器工业机器人在A位置进行上料操作（在原料库有料的前提下，先将按钮底座放到按钮底座夹具内并夹紧，再将灯芯放入灯芯暂存区，然后将上盖放入上盖暂存区），六轴工业机器人完成装配后，检测机构通电，通过视觉判断按钮颜色及质量（按钮灯不能被点亮，视为质量不合格），合格按钮由六轴工业机器人根据视觉判断结果按照图 3-5-6 的要求放到成品库内，不合格按钮放到废料盒内。

7）往复 5 步和 6 步，直至 12 个按钮全部装配完成，完成后停止指示灯常亮。

8）在触摸屏上可设置转盘旋转速度，并且实时显示转盘当前位置的角度值。

9）工作过程中按下停止按钮，完成当前按钮的装配检测入库后停止。停止后，停止指示灯常亮，启动按钮指示灯以 1Hz 闪烁。再次按下启动按钮后恢复启动运行。

10）工作过程中按下急停按钮，所有设备均停止工作。

注意：运行时，注意自身以及设备安全。通电前要确保电源正常，故障检测和通信检测与 PLC 的通信正常，未按规定设置 PLC 的 IP 地址而造成的通信异常，按照通信错误处理。

任务目标

1. 能够熟练完成四轴机器人的操作、编程与调试。
2. 能够熟练完成六轴机器人的操作、编程与调试。
3. 能够熟练完成 PLC 与各设备间的通信。
4. 能够熟练完成 PLC 编程及调试。

任务实施

完成本任务需要做的工作：四轴机器人通信、操作与编程，六轴机器人通信、操作与编程，触摸屏画面制作，伺服参数设置，视觉检测程序编写和 PLC 程序编写与调试。在 2016 年全国工业机器人应用技术技能大赛中，完成本任务给定的时间是 6h。

【导师有话说】

在前面的项目学习中，大家已经熟悉了各设备及相关软件的使用，现在我们要做的是将这些知识进行有效的综合，并能够熟练、快速、准确地完成编程、操作及系统调试。下面，我们就来分步解读。

第一步：四轴机器人的通信、操作与编程

（一）完成步骤

1）按要求设置 SCARA 机器人 IP 地址为 192.168.1.25。

2）合理规划机器人运行轨迹，设置各运行轨迹处示教点（示教点示意图见图 3-5-7、图 3-5-8）。

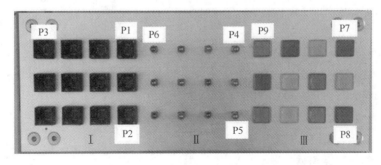

图 3-5-7 零件库示教点示意图

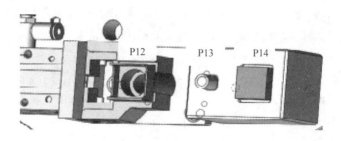

图 3-5-8　检测平台 0°位置示教点示意图
（180°位置时的示教点分别为 P22、P23、P24）

3）根据运行流程编写机器人程序，在需要与 PLC 进行信息交换的地方做出标记。

4）根据运行要求进行手动调试。

5）各部件编程全部完成后，进行联机调试。

（二）示例程序

四轴机器人运行程序（程序中的运行速度可由自己决定，调试完成后，可将速度设为全速运行，加工精度为 Z0）如下：

```
START；
Home0；
R2 = 0；（机器人已回原点）
L1；（等待复位信号）
If R224 < >1
    GOTO L1；
Endif；
Set out3 Off；
Set out4 Off；
Waitinpos；
R2 = 1；（机器人复位完成）
B1 = 0；（变量赋初始值）
B2 = 0；
Pallet(1，P1，P2，P3，3，4，1，0)；（定义托盘）
Pallet(2，P4，P5，P6，3，4，1，0)；
Pallet(3，P7，P8，P9，3，4，1，0)；
While B1 < 3；
  While B2 < 4；
    P0 = Pallet(1，B1，B2，0)；（取托盘上的点）
    P10 = Pallet(2，B1，B2，0)；
    P11 = Pallet(3，B1，B2，0)；
    L2；（等待启动信号）
    If R224 < >2
```

```
    GOTO L2;
Endif;
Waitinpos;
R2 = 2;（机器人已开始搬运零件）
Jump P0(0, 0, 80);（取底座）
Set out3 On;
Delay 0.2;
Switch R226
    Case 1:
        Jump P12(90, 0, 38);
    Break;
    Case 2:
        Jump P22(90, 0, 38);
    Break;
EndSwitch;
Waitinpos;
R2 = 3;（底座已放在检测平台上）
L3;（等待夹具夹住底座命令）
If R224 < >3
    GOTO L3;
Endif;
Set out3 Off;
Delay 0.2;
Jump P10(35, 0, 60);（取灯泡）
Set out4 On;
Delay 0.2;
Switch R226
    Case 1:
        Jump P13(60, 0, 35);
    Break;
    Case 2:
        Jump P23(60, 0, 35);
    Break;
EndSwitch;
Set out4 Off;
Delay 0.2;
Jump P11(35, 0, 60);（取盖子）
Set out3 On;
Delay 0.2;
```

```
Switch R226
    Case 1：
        Jump P14（60，0，35）；
    Break；
    Case 2：
        Jump P24（60，0，35）；
    Break；
EndSwitch；
Set out3 Off；
Delay 0.2；
Movj P15；（放下盖子后到达安全点）
Waitinpos；
R2 =4；（检测平台可以旋转）
L4；（等待检测平台旋转到位命令）
If R224 < >4
    GOTO L4；
Endif；
Home0；
Waitinpos；
R2 =2；（完成按钮零件的一次搬运）
Incr B2；
Endwhile；
B2 =0；
Incr B1；
Endwhile；
Waitinpos；
R2 =5；（完成了全部按钮零件搬运）
END
```

第二步：六轴机器人的通信、操作与编程

（一）完成步骤

1）按要求设置六轴机器人 IP 地址为 192.168.1.26。

2）合理规划机器人运行轨迹，设置各运行轨迹处示教点（示教点示意图见图 3-5-9、图 3-5-10）。

程序中其余各示教点位置说明：

P2　点 P3 的正上方

P4　点 P5 的正上方

P6　点 P7 的正上方

P8　点 P9 的正上方

P10　适合压盖子的正上方位置

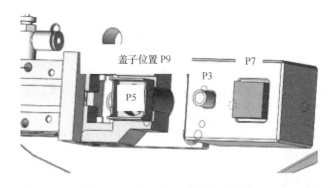

图 3-5-9 装配位置示教点示意图

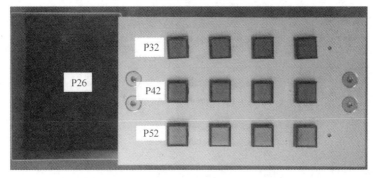

图 3-5-10 成品库示教点示意图

P21 适合夹具夹住成品的正上方位置

P22 夹具夹成品位置

P24 机器人从检测平台到成品库运行中的安全过渡位置

P25 点 P26 的正上方

P31 点 P32 的正上方

3）建立成品库位置工件坐标系。

4）根据运行流程编写机器人程序，在需要与 PLC 进行信息交换的地方做出标记。

5）根据运行要求进行手动调试。

6）各部件全部完成后，进行联机调试。

（二）示例程序

1. 六轴机器人运行程序

（1）运行主程序"Main"

Movj p1 V = 45 BL = 0；（机器人回安全点，在后面的运动指令中，BL = 0 省略）

Set i33 = 0；（变量赋初始值）

Set i34 = 0；

Set i35 = 0；

Set i36 = 0；

While i1 < > 1 Do；（等待复位信号）

Endwhile；

```
Dout 0. 0 = 0;
Dout 0. 1 = 0;
*123;
Set i33 = 1;（机器人复位完成）
While i1 < >2 Do;（等待六轴启动信号）
Endwhile;
SPEED SP = 80
If i2 = 1
    Call prog "Get1"（装灯泡）
Endif;
If i2 = 2
    Call prog "Get2"（装盖子）
Endif;
Set i33 = 4;（机器人已夹住按钮）
While i1 < >4 Do;（等待夹具松开信号）
Endwhile;
Movl P21;
Movj P24;
Set i33 = 5;（按钮离开检测平台）
If i3 = 1 （分类入库）
    Call prog "Put1"（红色）
Endif;
If i3 = 2
    Call prog "Put2"（蓝色）
Endif;
If i3 = 3
    Call prog "Put3"（黄色）
Endif;
If i3 = 4 （不合格品进废料盒）
    Movj P25;
    Movj P26;
    Dout 0. 0 = 0
    Timer 200;
    Movl P25;
Endif;
Movj P1;（回安全点）
Set i33 = 6;（完成一次按钮入库）
Jump *123;
End
```

（2）0°位置装配程序"Get1"

Movj P2；（取灯泡）

Movl P3；

Dout 0. 1 = 1；

Timer 200；

Movl P2；

Movj P4；（灯泡装配）

Movl P5；

Dout 0. 1 = 0；

Timer 200；

Movl P4；

Movj P6；（取盖子）

Movl P7；

Dout 0. 0 = 1；

Timer 200；

Movl P6；

Movj P8；（装配盖子）

Movl P9；

Dout 0. 0 = 0；

Timer 200；

Movl P8；

Movj P10；（压盖子）

Movj P8；

Set i33 = 3；（装配完成，开始检测）

While i1 < > 3 Do；（等待检测信号）

Endwhile；

Movj P21；

Movl P22；

Dout 0. 0 = 1；

Timer 200；

End

（3）180°位置装配程序"Get2"

Movj P12；（取灯泡）

Movl P13；

Dout 0. 1 = 1；

Timer 200；

Movl P12；

Movj P14；（灯泡装配）

Movl P15；

```
Dout 0. 1 = 0；
Timer 200；
Movl P14；
Movj P16；（取盖子）
Movl P17；
Dout 0. 0 = 1；
Timer 200；
Movl P16；
Movj P18；（装配盖子）
Movl P19；
Dout 0. 0 = 0；
Timer 200；
Movl P18；
Movj P20；（压盖子）
Movj P8；
While i1 < > 3 Do；（等待检测信号）
Endwhile；
Movj P21；（夹取按钮，准备入库）
Movl P23；
Dout 0. 0 = 1；
Timer 200；
End
```

（4）红色按钮入库程序"Put1"

```
i34 = i34 + 1；
If i34 = 1
    Movj P31；
    Movl P32；
    Dout 0. 0 = 0；
    Timer 200；
    Movl P31；
Endif；
If i34 = 2
    P33 = P31 + P60；（P60 不是示教点，是自己定义的一个点，坐标系需与 P31 的坐标
系相同）
    P34 = P32 + P60；
    Movj P33；
    Movl P34；
    Dout 0. 0 = 0；
    Timer 200；
```

```
    Movl P33；
  Endif；
If i34 = 3
    P35 = P33 + P60；
    P36 = P34 + P60；
    Movj P35；
    Movl P36；
    Dout 0. 0 = 0；
    Timer 200；
    Movl P35；
  Endif；
If i34 = 4
    P37 = P35 + P60；
    P38 = P36 + P60；
    Movj P37；
    Movl P38；
    Dout 0. 0 = 0；
    Timer 200；
    Movl P37；
  Endif；
  End
```

"Put1""Put2"和"Put3"为按钮分类入库中合格品入库程序，依次为红色、蓝色、黄色按钮入库程序，"Put2""Put3"与"Put1"除示教点不同外，程序结构完全相同，在此不再累述。

第三步：触摸屏界面制作

任务书中对触摸屏界面的要求是比较简单的，只有八个元件需要选手制作和设置，但在实际应用中，有一些位元件虽然任务书中没有要求，但在调试中却是非常必要和实用的，例如："检测台上电""左夹具夹紧""右夹具夹紧""伺服机械回零""转盘0°位置""转盘180°位置"等，有了它们，会使我们在进行机器人示教和程序调试时的操作更为方便和快捷。

图 3-5-11 所示为触摸屏界面示意图。

具体触摸屏界面的制作，在前面的任务中已有了详细的介绍，在此就不再详述了，需要选手们注意的是，在设置触摸屏上的位元件地址时，切忌使用输入继电器作为位元件的地址，可选择辅助继电器 M 来完成，同时该辅助继电器不可再作他用。

第四步：伺服参数设置

伺服电动机参数的设置见表 3-5-3。

伺服使用时常见故障代码的含义及处理方法可详见附录 C。

第五步：视觉检测程序编写

1）设置视觉 IP 地址为 192. 168. 1. 27。

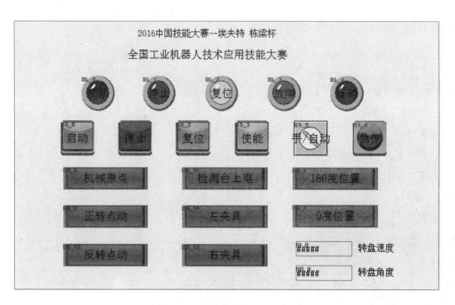

图 3-5-11 触摸屏界面示意图

表 3-5-3 伺服电动机参数的设置

功能码编号	功能码名称	设定值	出厂值
H00-00	电动机编号	14101	14000
H03-10	DI5 端子功能选择	0	1
H05-00	主位置指令来源	2	0
H05-02	电动机每旋转 1 圈的位置指令数	10000	0
H0C-00	驱动器轴地址（CANLink 地址）	5	1
H0C-09	通信 VDI	1	0
H0C-11	通信 VDO	1	0
H11-04	位移指令类型选择	1	0
H17-00	VDI1 端子功能选择	1	0
H17-02	VDI2 端子功能选择	28	0

2）新建文件：检测。

3）建立样本列表，见表 3-5-4。

表 3-5-4 视觉检测样本

代码	样 本 名 称	色块显示	代码	样 本 名 称	色块显示
1	红色、合格		5	蓝色、不合格	
2	蓝色、合格		6	黄色、不合格	
3	黄色、合格		7	其他（未正常安装盖子样本）	
4	红色、不合格		8	其他（无底座样本）	

【导师有话说】

1）在建立样本列表时，一定要建立一个或两个不正常样本，以方便检测任务顺利完成。

2）在选取样本时，要根据工作现场光线状况适当选择曝光指数，根据样本物料区的大小合理选择"选择框大小"，以便建立最恰当的样本列表。

第六步：PLC 程序编写与调试

（一）CANLink 通信设置

在本任务书中，要求伺服地址设为 5，类型为 Modbus 从站。具体设置如图 3-5-12 所示。

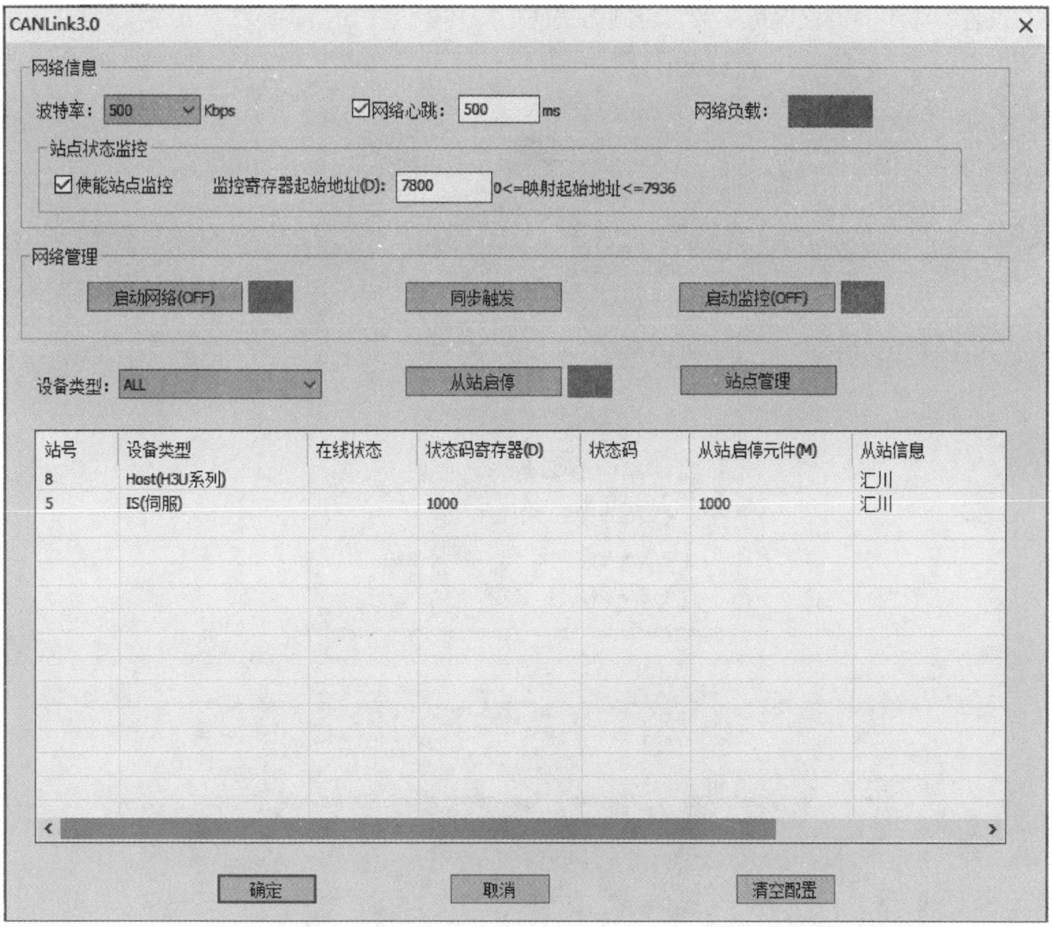

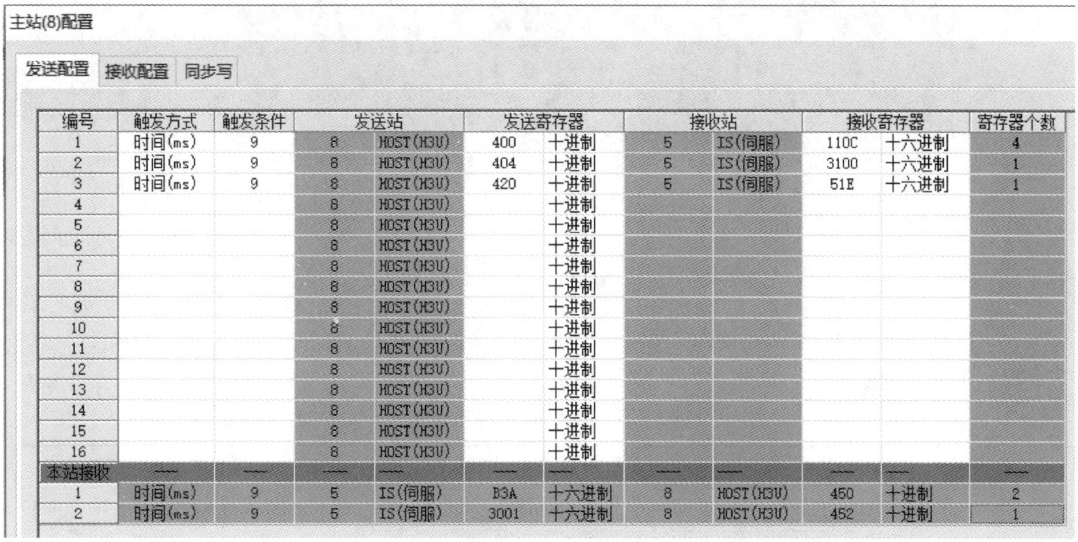

主站(8)配置

发送配置　接收配置　同步写

编号	触发方式	触发条件	发送站		发送寄存器		接收站		接收寄存器		寄存器个数
1	时间(ms)	9	8	HOST(H3U)	400	十进制	5	IS(伺服)	110C	十六进制	4
2	时间(ms)	9	8	HOST(H3U)	404	十进制	5	IS(伺服)	3100	十六进制	1
3	时间(ms)	9	8	HOST(H3U)	420	十进制	5	IS(伺服)	51E	十六进制	1
4			8	HOST(H3U)		十进制					
5			8	HOST(H3U)		十进制					
6			8	HOST(H3U)		十进制					
7			8	HOST(H3U)		十进制					
8			8	HOST(H3U)		十进制					
9			8	HOST(H3U)		十进制					
10			8	HOST(H3U)		十进制					
11			8	HOST(H3U)		十进制					
12			8	HOST(H3U)		十进制					
13			8	HOST(H3U)		十进制					
14			8	HOST(H3U)		十进制					
15			8	HOST(H3U)		十进制					
16			8	HOST(H3U)		十进制					
本站接收	----	----	----	----	----	----	----	----	----	----	----
1	时间(ms)	9	5	IS(伺服)	B3A	十六进制	8	HOST(H3U)	450	十进制	2
2	时间(ms)	9	5	IS(伺服)	3001	十六进制	8	HOST(H3U)	452	十进制	1

图 3-5-12　CANLink 通信设置

（二）PLC以太网通信设置

以太网通信设置包括PLC主站的IP地址设置以及PLC与四轴机器人、六轴机器人、视觉检测系统之间通信寄存器的设置，四轴机器人、六轴机器人和视觉检测系统的IP地址必须与设备本体中的设置保持一致，否则无法通信。具体设置如图3-5-13所示。

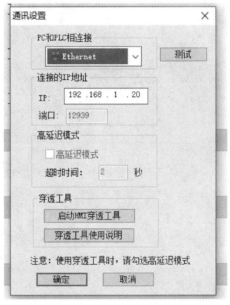

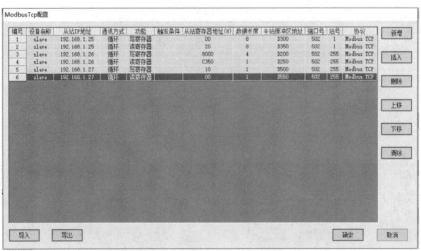

图3-5-13　PLC以太网通信设置

（三）软元件地址分配

PLC软元件地址分配见表3-5-5。

表3-5-5　PLC软元件地址分配

序号	输入继电器		输出继电器		触摸屏位元件	
	元件功能	地址	元件功能	地址	元件功能	地址
1	启动按钮	X0	运行指示灯	Y0	启动按钮	M200

（续）

序号	输入继电器		输出继电器		触摸屏位元件	
	元件功能	地址	元件功能	地址	元件功能	地址
2	停止按钮	X1	停止指示灯	Y1	停止按钮	M201
3	复位按钮	X2	复位指示灯	Y2	复位按钮	M202
4	急停开关	X3	自动状态指示灯	Y4	急停开关	M203
5	伺服去使能	X4	故障状态指示灯	Y5	伺服去使能开关	M204
6	手自动开关	X5	检测平台上电	Y7	伺服机械回零	M210
7	光幕开关	X7	零位左夹具夹紧	Y10	转盘0度位置	M211
8	左夹具限位	X10	零位右夹具夹紧	Y11	转盘180°位置	M212
9	右夹具限位	X11	给四轴急停	Y12	转盘正转点动	M213
10			给六轴急停	Y13	转盘反转点动	M214
11					零位左夹具夹紧	M215
12					零位右夹具夹紧	M216
13					检测平台上电	M217

（四）PLC 程序

【导师有话说】

在本任务的 PLC 程序设计中，运用调用子程序的编程方法会使编程思路更清晰，不过，子程序也没必要分得过细。下面的示例程序分了五个子程序来完成：转盘位置计算、按钮控制、触摸屏控制、系统运行控制和指示灯控制。其中，四、六轴机器人数值变量与 PLC 数据寄存器对应关系表 3-5-6。

表 3-5-6　四、六轴机器人数值变量与 PLC 数据寄存器对应关系

序号	机器人变量	PLC 数据寄存器地址	含　义
1	R2	D250	四轴机器人状态字（给 PLC）
2	R224	D200	四轴机器人控制字（给机器人）
3	R226	D202	四轴送料位置
4	i1	D300	六轴机器人控制字（给机器人）
5	i2	D301	六轴装配位置
6	i3	D302	按钮检测结果
7	i33	D350	机器人状态字（给 PLC）

1. 建立主程序（见图 3-5-14）

2. 转盘位置计算程序

【导师有话说】

知道转盘的位置角度是如何计算的吗？伺服电动机的编码器线数为 8838608，数据寄存器 D450 为伺服当前电气角度，伺服电动机与转盘之间的减速机减速比为 1:50，即伺服转动一圈，转盘转动 7.2°，所以将 D450 中的数值转换为浮点数后除以编码器线数 8838608.0，再乘以 7.2°，就得到了转盘的当前位置角度。转盘位置计算程序梯形图如图 3-5-15 所示。

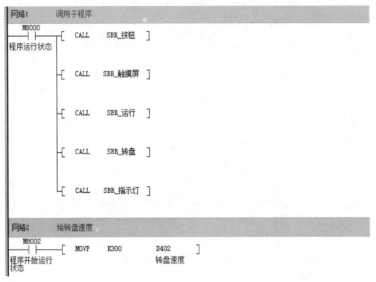

图 3-5-14　主程序梯形图

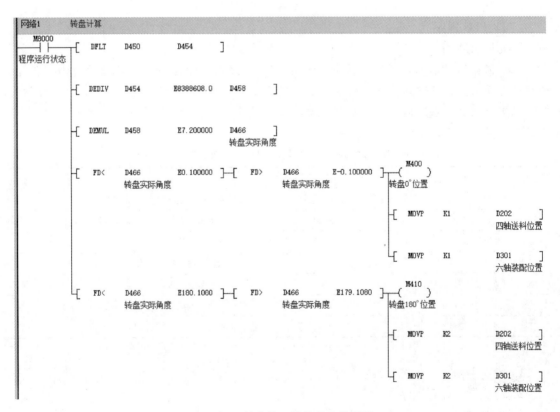

图 3-5-15　转盘位置计算程序梯形图

3. 按钮控制程序

这部分程序包括设备面板上的按钮和触摸屏上的启动、停止、复位、急停按钮的操作控制程序。按钮控制程序梯形图如图 3-5-16 所示。

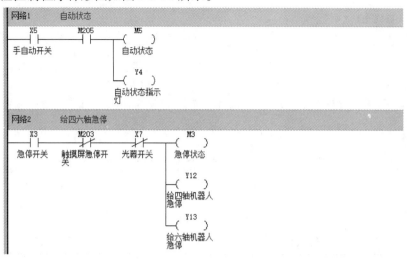

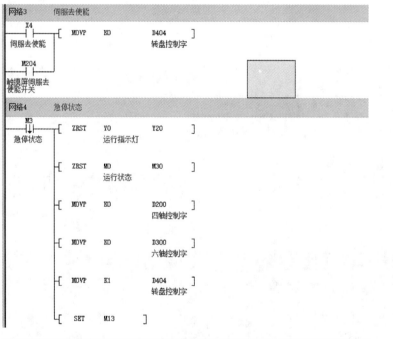

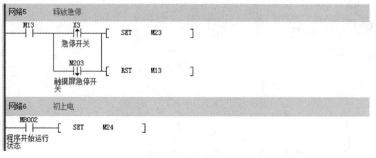

图 3-5-16　按钮控制程序梯形图

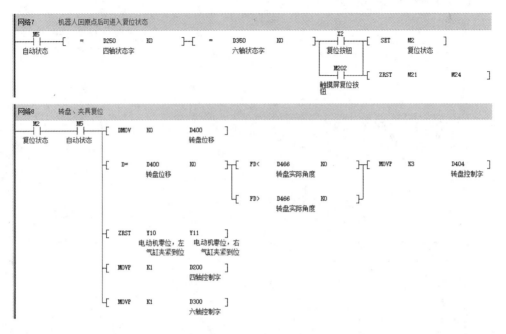

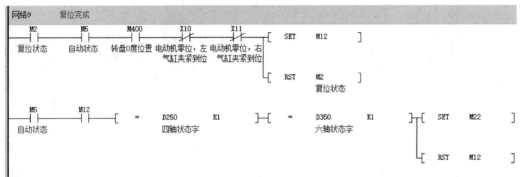

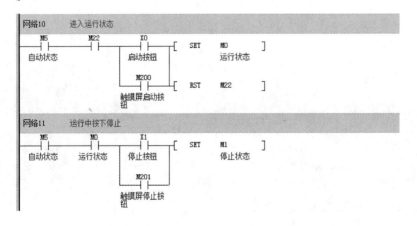

图 3-5-16　按钮控制程序梯形图（续一）

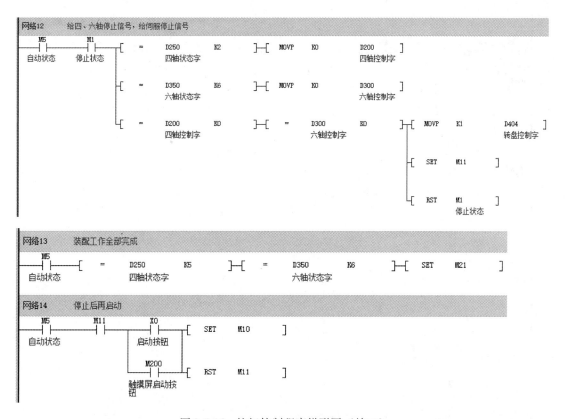

图 3-5-16　按钮控制程序梯形图（续二）

4. 触摸屏控制程序

在这部分程序中主要完成的是触摸屏上除启动、停止、复位、急停按钮外其余各位元件的控制程序。触摸屏控制程序梯形图如图 3-5-17 所示。

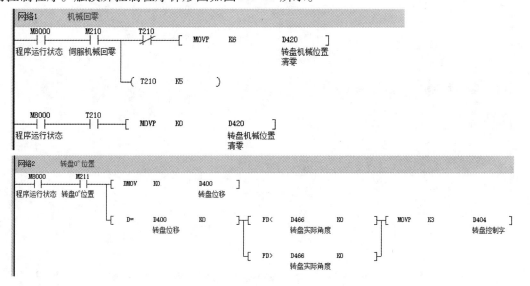

图 3-5-17　触摸屏控制程序梯形图

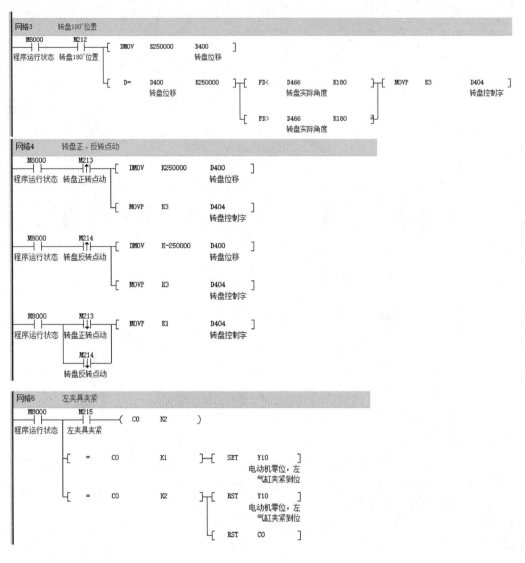

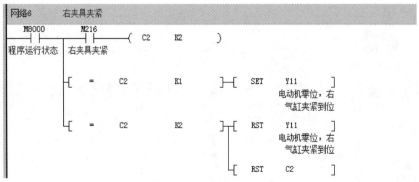

图 3-5-17　触摸屏控制程序梯形图（续一）

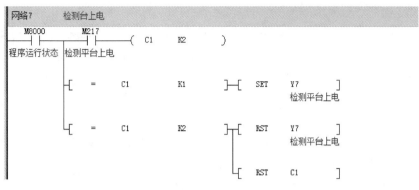

图 3-5-17 触摸屏控制程序梯形图（续二）

5. 系统运行控制程序

系统运行是整个 PLC 编程中最重要的一块，程序中的每一个环节一定要与机器人运行程序中的动作节点相一致。系统运行控制程序梯形图如图 3-5-18 所示。

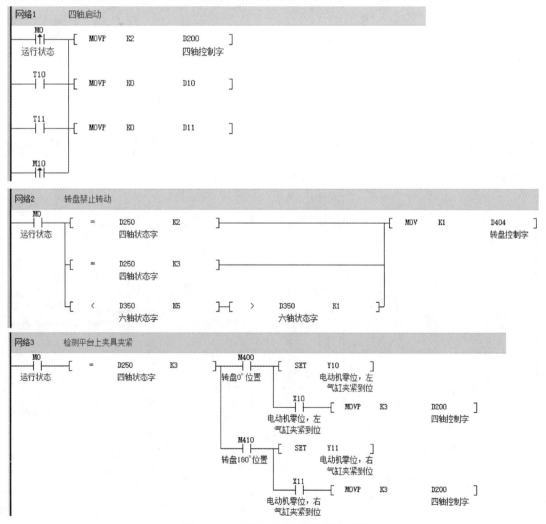

图 3-5-18 系统运行控制程序梯形图

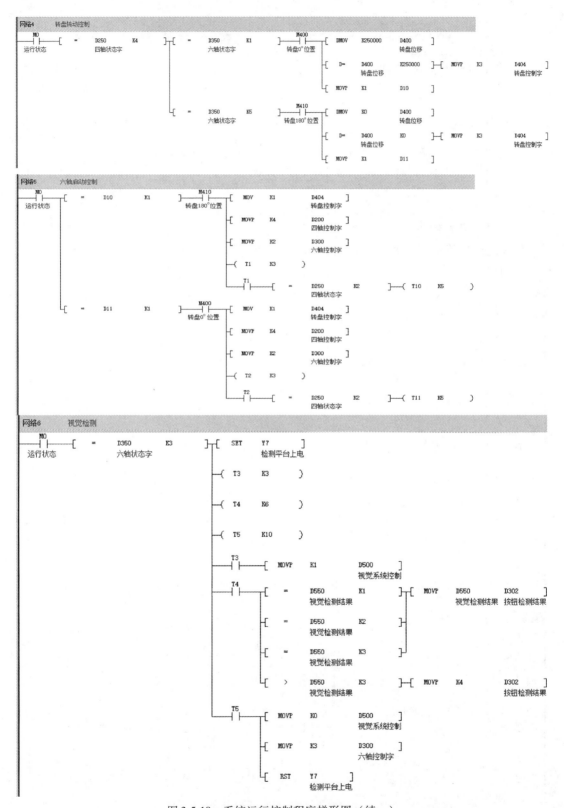

图 3-5-18　系统运行控制程序梯形图（续一）

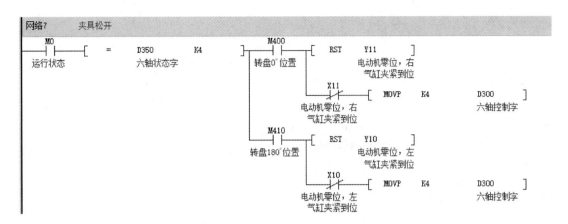

图 3-5-18 系统运行控制程序梯形图（续二）

6. 指示灯控制程序（见图 3-5-19）

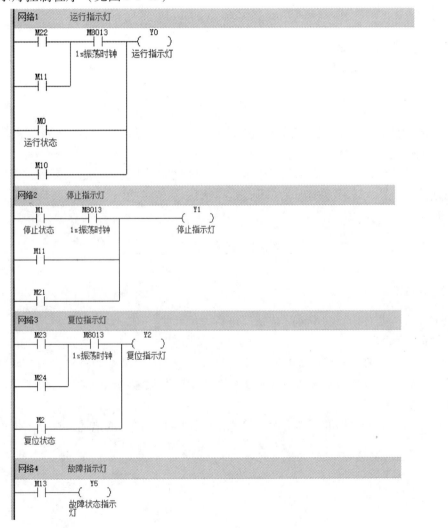

图 3-5-19 指示灯控制程序梯形图

子任务三　生产运行效率及次品率

 任务描述

根据任务描述完成相应生产功能，通过优化程序流程及运行速度提高生产效率、减少次品率。具体要求如下（全部在自动状态下完成）：

1）能够将按钮原材料装配成成品按钮，并分类入库。

2）设备运转稳定，无卡顿和中途停机情况。

3）无损坏工件情况。

4）次品率等于（未成功点亮的按钮＋被损坏的按钮）/12。

5）设备最终运行速度，由选手自行优化。

6）在裁判评分时选手最多可演示 3 次运行过程，裁判按照最好成绩计算得分。

任务目标

1. 优化机器人运行轨迹。

2. 培养高效节能意识。

任务实施

企业进行自动化控制系统改造或采用机器人控制系统进行"机器换人"系统改造的目的是为了提高企业生产效率。

完成本任务可以通过提高示教点的准确度和优化机器人运行轨迹来完成。机器人运行轨迹可以在前面机器人运行示例程序的基础上再次优化，如减少机器人的转动次数、缩短机器人的运行路程等。

子任务四　任务完成情况评价

任务描述

根据评价标准对任务的整体完成情况进行评价。

【导师有话说】

评价是对任务的完成情况进行一个量化的考核，再根据考核结果得出相应的结论。评价的目的并不仅仅是为了分出优良差，更多的是为了使人们意识到与标准间的差距，从而能更好地提升自己。

本任务的具体评价标准在本书第一篇规范解读篇中有详细的描述，在此不再累述。

附　　录

附录 A　AutoShop 软件安装及使用说明

AutoShop 是汇川小型 PLC 上位机软件，拥有友好的编程、调试环境，支持多种编程语言，丰富、强大的通讯、控制功能。它的主要特点如下：

1）友好的编程环境，支持梯形图、指令表、步进梯形图（SFC）、G 代码编程语言。

2）灵活的通讯方式，可通过 COM、USB、以太网与 PLC 进行交互，极大地方便了用户；通过远程功能可实现远程操作、远程协同调试等功能。

3）强大的网络支持，可通过配置实现 Modbus 标准通信功能，支持 CANopen 配置，支持汇川 CANLink 通讯配置，极大地降低用户的使用难度，提高工作效率。

4）强大的运动控制功能，拥有丰富的运动控制指令，支持 G 代码、轴定位、电子凸轮、飞剪/追剪等功能。

5）便捷多样的调试方式，支持运动轨迹图、监控、在线修改、示波器、故障诊断等功能方便用户调试、定位问题。

6）强有力的知识产权保护功能，通过上载密码、下载密码、标识符、禁止上载等功能可有效保护用户的知识产权。

一、AutoShop 软件的安装

（1）下载安装包　进入汇川官方网站下载汇川小型 PLC 上位机软件 AutoShop V2.70 得到压缩包，如图 A-1 所示。

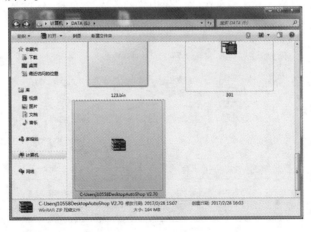

图 A-1　下载安装包

（2）解压安装包　将压缩文件解压到当前文件夹，如图 A-2 所示。

（3）打开文件夹　通过双击鼠标左键打开文件夹，如图 A-3 所示。

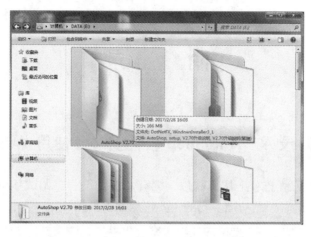

图 A-2　解压安装包

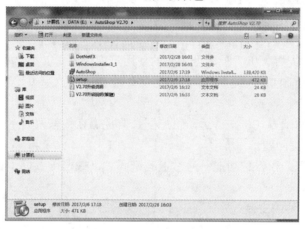

图 A-3　解压安装包

（4）打开文件　双击 setup. exe 文件，弹出安全警告，如图 A-4 所示。

图 A-4　打开文件

（5）运行安装向导　单击"运行"按钮，运行安装向导如图 A-5 所示。

（6）选择安装文件夹　单击"下一步"，选择安装文件夹，如图 A-6 所示。

（7）确认安装　默认状态不修改，单击"下一步"，如图 A-7 所示。

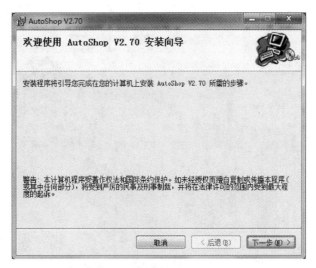

图 A-5　运行安装向导

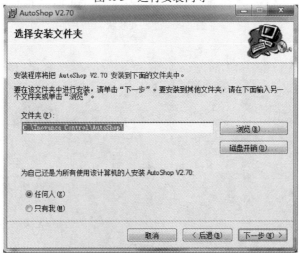

图 A-6　选择安装文件夹

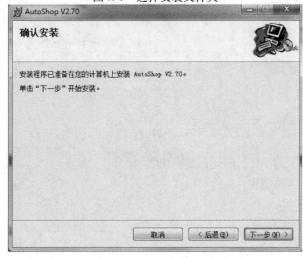

图 A-7　确认安装

（8）进入安装状态 单击"下一步"，进入安装状态，如图 A-8 所示。

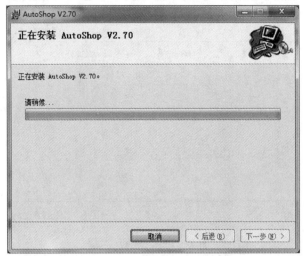

图 A-8 进入安装状态

（9）安装完成 等待进度条结束，完成整个安装过程，如图 A-9 所示。

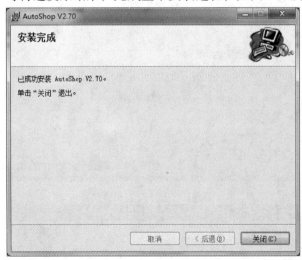

图 A-9 安装完成

安装完成后，自动在桌面上创建图标 。

二、AutoShop 软件的使用

（一）启动软件

进入 Windows 操作系统后，启动 AutoShop 的方式是，双击桌面图标，即可打开上位机软件，如图 A-10 所示。

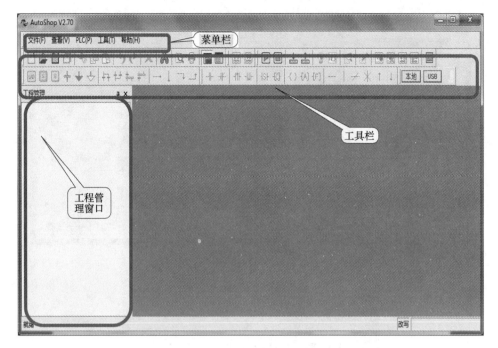

图 A-10　软件界面组成

菜单栏包括了一组含有全部命令的子菜单，见表 A-1。当鼠标停留在菜单项上时，菜单项功能的简短描述被显示在状态栏中。

表 A-1　菜单栏

文件	"文件"子菜单可用于"新建工程""打开工程""关闭工程""关闭文件""保存文件""保存工程""工程另存为"。它也包含用于打印、打印设置和打印预览的命令
编辑	"编辑"子菜单包含了编辑所必需的全部命令，如编辑的撤销/恢复，插入、剪切和粘贴。另外，它提供了文本和图形程序的搜索和替换文本字符串功能
查看	"查看"子菜单提供了显示、隐藏不同窗口、工具条的功能。也提供了以不同语言查看当前程序的功能
PLC	"PLC"子菜单提供了与 PLC 硬件互操作的相关功能以及程序的编译功能
工具	"工具"子菜单提供了设置 AutoShop 相关属性和工程配置
窗口	"窗口"子菜单提供了访问当前打开的窗口，以及按您需要的方式重新排布当前窗口的功能
帮助	"帮助"子菜单包含了如何使用 AutoShop 的帮助系统

注：这些子菜单的菜单项根据正在使用的程序功能会有一定的差别。

（二）新建工程

1）单击菜单项文件/新建工程，打开"新建工程"窗口，如图 A-11 所示。

2）在图 A-11b 中输入工程名和工程描述；设定工程项目在本地的存储路径；选择 PLC 的类型。

注意：默认状态是"H3U"，AutoShop V2.7 版本支持的 PLC 类型有 H0U-XP、H1U-XP、H2U-XP、H2U、H3U、H3U-PM、H3U-R、IOT-WL、MDI Card 等 9 种。

3）选择默认编辑器。默认是"梯形图"，也可以修改为指令列表或顺序功能图，如图 A-12 所示。

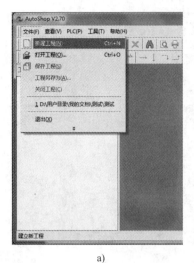
a)

b)

图 A-11　打开"新建工程"窗口

图 A-12　选择默认编辑器

4）单击"确定"按钮，完成新建工程操作，如图 A-13 所示。

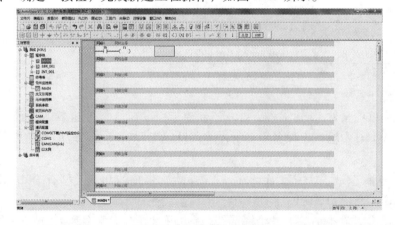

图 A-13　选择默认编辑器

最后软件自动在设定的保存路径下生成相应文件，如图 A-14 所示。

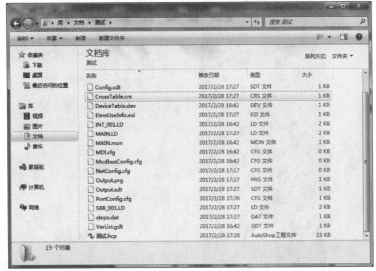

图 A-14　新建工程包含的文件

（三）PLC 程序上载

有时需要上载 PLC 内部的各种信息，汇川 PLC 提供了上载功能。上载功能主要是把应用程序、系统参数、软元件内存上载到本地计算机上，保存为工程文件，生成新的工程。

现有两种方式可以选择使用，一种是 USB 线连接方式，另一种是网线连接方式。

1．用 USB 线上载

1）连接 USB 线，打开软件，如图 A-15 所示。

图 A-15　打开软件

2）单击菜单栏的工具/通讯配置，打开通讯配置对话框，如图 A-16 所示。

3）PC 与 PLC 连接项选择 USB，然后单击"测试"。当显示连接成功，再单击确定按钮，这时就可以上载程序了，如图 A-17 所示。

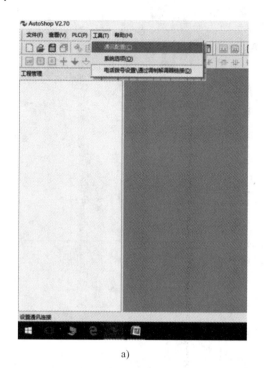
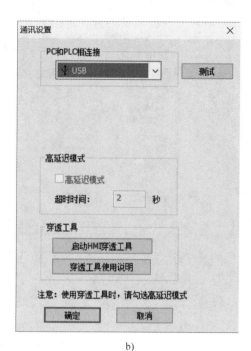

a)　　　　　　　　　　　　　　　　　b)

图 A-16　打开通讯配置对话框

图　A-17

4）可以通过单击"PLC｜上载"菜单命令或工具栏中的上载按钮，弹出上载工程对话框，要求新建工程，输入工程名和工程描述，并设置保存路径，如图 A-18 所示。

5）设定好后，单击确认按钮进入上载参数设定对话框。如图 A-19 所示，上载选项包含应用程序、系统参数、Modbus 配置、软元件内存等；若当前工程类型不支持的操作，则数据项不可用。

图　A-18

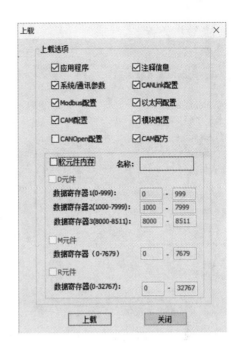

图 A-19　上载选项

6）设置完成后，最后单击上载按钮，软件自动完成上载功能，完成后你就可以看到 PLC 的程序了，如图 A-20 所示。

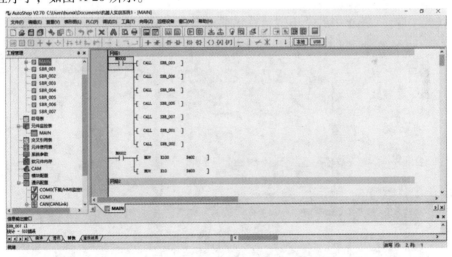

图　A-20

2. 通过网线上载

这种方式必须要知道 PLC 的 IP 地址。本例 PLC 的 IP 地址是 "92.168.1.16"。

1）将以太网通信线缆分别与计算机网络接口和 PLC 以太网接口建立连接（也可以通过交换机网络接口连接），然后把计算机的 IP 地址设置在 PLC 的网段上，如图 A-21 所示。

2）在通讯配置界面中的下拉框中选择 Ethernet 选项；输入要连接的 PLC 的 IP 地址，如图 A-22 所示。

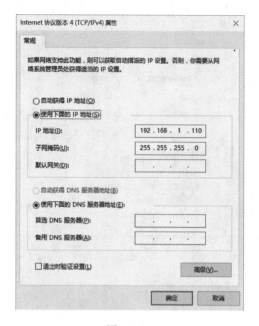
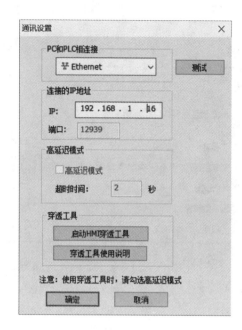

图 A-21   图 A-22

3）单击测试，显示测试通过，再点击确定就可以与 PLC 建立连接了。

4）上载程序的操作方法与 USB 连接方式的 4）、5）、6）步相同。

（四）PLC 程序下载

1）点击"PLC"菜单中的"下载"菜单项或工具栏中的下载图标，如图 A-23 所示。

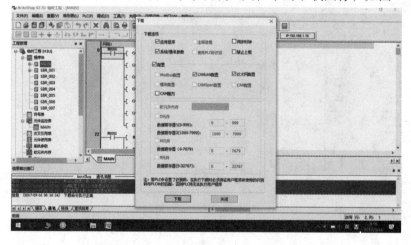

图 A-23

注意：下载时，首先提示用户程序是否需要重新编译，如不重新编译，下载的文件为上次编译后的文件，通常我们对程序做了修改，必须重新编译。

2）设置下载选项后点击下载按钮。如果当前 PLC 处于停止状态则直接进入下一步；如果当前 PLC 处于运行状态，则弹出窗口询问是否停机，单击"确定"继续，如图 A-24 所示。

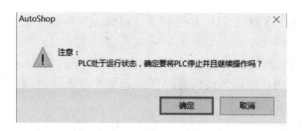

图　A-24

3) 弹出下载进度窗口, 如图 A-25 所示。

图　A-25

4) 如果下载之前 PLC 处于停止状态则下载结束; 如果下载之前 PLC 处于运行状态, 则弹出窗口询问是否运行, 单击"确定"继续, 如图 A-26 所示。

图　A-26

附录 B　触摸屏软件安装及使用说明

InoTouch Editor 是汇川技术 InoTouch 系列 HMI 编程组态软件, 采用 Windows Visual Studio 风格, 功能强大, 简单易用。它的主要特点如下:

1) 支持 65536 色真彩显示。
2) 支持 windows 平台矢量字体, 文字大小可以自由缩放。
3) 支持 BMP, JPG, GIF 等格式的图片。
4) 支持 USB 设备, 例如 U 盘、USB 鼠标、USB 键盘、USB 打印机等。
5) 支持历史数据、故障报警等, 可以保存到 U 盘或者 SD 卡里面。
6) 支持 U 盘、USB 线和以太网等不同方式对 HMI 画面程序进行下载。
7) 支持配方功能, 并且可以使用 U 盘等来保存和更新配方, 容量更大。
8) 支持三组串口同时连接不同协议的设备, 应用更加灵活方便。
9) 支持自定义启动 Logo 的功能。

10）支持市场上绝大多数的 PLC 和控制器、伺服、变频器、温控表等，也可以为您特殊的控制器开发驱动程序。

11）支持离线仿真和在线仿真功能，极大地方便了程序的调试。

12）PLC 控制，由 PLC 里面的数据寄存器或者某个位来执行指定的功能，例如画面翻页、屏幕打印、执行宏指令等。

13）定时式资料传输，指定一个固定的周期，来执行数据传输。

14）事件登录，定义故障发生时的文字内容和条件。

15）资料取样，定时取样 PLC 的数据并保存到指定的存储器，并用于显示趋势图和历史数据显示等。

16）系统信息，客户可以自定义这些由 HMI 系统本身显示的一些提示信息。

17）排程，定义一个指定的时间，改变 PLC 中的一个位的状态或者改变 PLC 中某个寄存器的数据。

一、InoTouch Editor 软件的安装

1. 软件来源

InoTouch Editor 编程软件由汇川控制技术有限公司自主开发的，请向您的 HMI 供应商索取，或者在深圳汇川技术网站上：http：//www. inovance. cn 下载，也可以在中国工控网汇川主题上下载，获取最新软件 InoTouch Editor。

2. 计算机建议配置

1）CPU：主频 1G 以上的 Intel 或 AMD 产品。

2）内存：512MB 或以上。

3）硬盘：最少有 500MB 以上的空闲磁盘空间。

4）显示器：支持分辨率 1024×768 个像素以上的彩色显示器。

5）Ethernet 端口或 USB 口：上下载画面程序时使用。

6）操作系统：Windows XP/Windows Vista/Windows 7/Windows 2000。

3. 安装步骤

1）将软件下载到计算机里，解压之后，双击文件夹内 setup. exe 文件，屏幕将显示安装窗口，此时根据向导提示，单击"下一步"，如图 B-1 所示。

2）选择软件安装文件夹或选择默认路径，并点选"下一步"，如图 B-2 所示。

3）根据向导提示，单击"下一步"确认安装，如图 B-3 所示。

4）安装进程如图 B-4 所示。

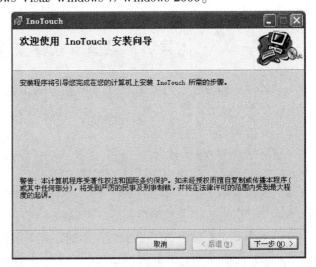

图 B-1　打开安装文件

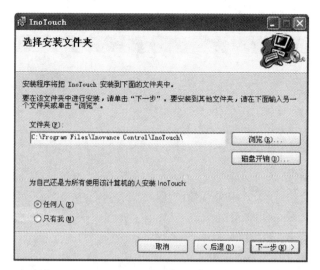

图 B-2　选择安装文件夹

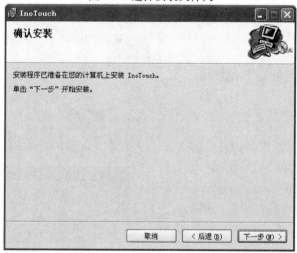

图 B-3　确认安装

图 B-4　安装进程

5）安装完成后单击"关闭"即完成安装程序，如图 B-5 所示。

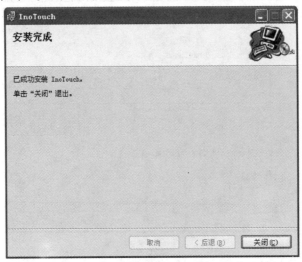

图 B-5　安装结束

软件安装完成后，自动在桌面上创建图标 。

二、InoTouch Editor 软件的使用

1. 启动软件

要使用软件或执行程序时，可以双击桌面上的 ；或者可以从菜单〔开始〕/〔程序〕/〔Inovance Control〕下找到相对应的执行程序即可，如图 B-6 所示。

软件目录下各选项的含义是：InoTouch Editor—编程软件，InoTouch Simulator—模拟器，ReleaseNotes—版本发布信息，Uninstall—卸载软件等。

图 B-6　软件目录选项

2. 新建工程

1）双击桌面上的"InoTouch Editor"快捷方式，打开触摸屏软件，如图 B-7 所示。

图 B-7　打开触摸屏软件

2）单击工具栏的"文件"，选择"新建工程"修改相应参数，如图 B-8 所示，然后单击确认。

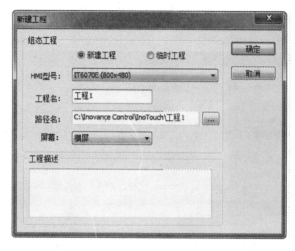

图 B-8　新建工程

3）在左侧项目管理工具栏中的通信链接中选择通讯连接，单击本地设备中的 Ethernet，右键单击添加设备，根据实际情况修改 PLC 的 IP 地址，修改其他相应的参数如图 B-9 所示。

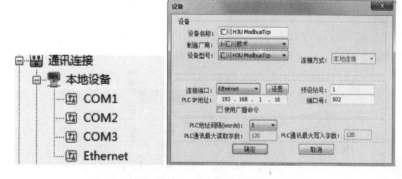

图 B-9　选择通讯连接及修改 IP 地址

4）工程建立完成后，选择工具栏中的"工具"按钮，单击下载工程，如图 B-10 所示。

图 B-10　下载工程

若使用 USB 连接触摸屏和计算机，选择连接方式为 USB，直接点击开始下载即可，如图 B-11 所示。

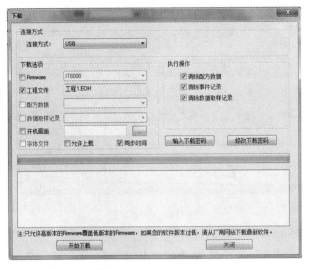

图 B-11　USB 连接下载

若使用网线连接触摸屏和计算机，选择连接方式为以太网，目标 IP 即为触摸屏 IP，单击触摸屏的左上角，查看 IP 地址，与软件中相对应，单击开始下载，完成下载，如图 B-12 所示。

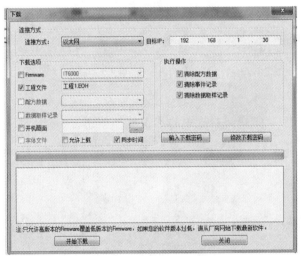

图 B-12　网线连接下载

3. 软件控件的功能简介（见表 B-1）

表 B-1　软件控件的功能

图标	控件名称	功　能　描　述
	指示灯	使用图形或者文字等显示 PLC 中某一个位的状态

（续）

图标	控件名称	功　能　描　述
	多状态指示灯	根据 PLC 中数据寄存器不同的数据，显示不同的文字或者图片
	位状态设定	在屏幕上定义了一个触摸控件，触摸时，对 PLC 中的位进行置位或者复位
	多状态设定	在屏幕上定义了一个触摸控件，触摸时，可以对 PLC 中的寄存器设定一个常数或者递加递减等功能
	位状态切换开关	在屏幕上定义了一个触摸控件，当 PLC 中的某一个位改变时，它的图形也会改变；当触摸时，会改变另外一个位的状态
	多状态切换开关	在屏幕上定义了一个多状态的触摸控件，当 PLC 的数据寄存器数值改变时，它的图形会跟着变化；触摸时，会改变 PLC 中数据寄存器的值
	数值显示	显示 PLC 中数据寄存器的数值
	数值输入	显示 PLC 中数据寄存器的数据，使用数字键盘可以修改这个数值
	字符显示	显示 PLC 寄存器中的 ASCII 字符
	字符输入	显示 PLC 寄存器中的 ASCII 字符，使用字母键盘可以修改这个 ASCII 字符
	直接窗口	在屏幕上定义了一个区域，当定义的 PLC 中的位为 ON 状态时，指定编号的画面会显示在该区域
	间接窗口	在屏幕上定义了一个区域，当定义的 PLC 数据寄存器的数据与某个画面的编号相等时，该画面会显示在该区域
	项目选单	在屏幕上定义了一个下拉式菜单，触摸时，可以选择不同的项目，从而将不同的数据写入到 PLC 中
	滑动开关	在屏幕上定义了一个滑动触摸控件，当手指滑动该控件时，会线性改变 PLC 中数据寄存器的数值
	功能键	在屏幕上定义了一个功能键，可以执行画面跳转、执行宏指令等功能
	移动图形	该控件会随着 PLC 中数值寄存器数值的改变而改变图形的状态和在屏幕上的位置

（续）

图标	控件名称	功能描述
	动画	该控件会随着 PLC 中数值寄存器数值的改变而改变图形的状态和在屏幕的位置，该位置是事先已经设定好的
	表针	使用表针图形来显示 PLC 中数据寄存器数据的动态变化
	棒图	使用棒状图形来显示 PLC 中数据寄存器数据的动态变化
	趋势图	使用多点连线的方式显示 PLC 中一个或者多个数据寄存器中数据变化的趋势或者历史变化趋势
	XY 曲线显示	PLC 中一组连续的寄存器数据为 X 轴坐标，另一组连续的寄存器的数据为 Y 轴坐标，由这些对应的坐标点连成的曲线
	历史数据显示	使用表格的方式，显示历史数据
	数据群组显示	显示由 PLC 中一组连续的数据寄存器中的数据组成的曲线
	报警条	利用走马灯的方式，显示"事件登录"中的报警信息
	报警列表	使用文字的方式显示"事件登录"中的故障信息，当故障恢复时，显示的文字消失
	事件列表	使用文字的方式显示"事件登录"中的故障信息，可以显示故障发生的时间和恢复时间等，故障恢复时，文字不消失
	触发式资料传输	可以手动或者根据 PLC 中某个位的状态，来执行数据的传送
	备份	将保存到 HMI 里面的配方数据、资料采样数据或者故障报警信息等复制到指定的 U 盘或远程的计算机
	LED 跑马灯	该控件用于显示一组的灯的移动，其移动动作和移动速度由寄存器控制，亮灯颜色和灭灯颜色交替显示形成移动动作
	日期时间控件	用来显示日期和时间的控件

附录 C　伺服控制软件安装及使用说明

Inno-2.0.5-F-beta-伺服控制软件是基于汇川技术强大的 InoDriveShop 后台 PC 工具上的伺服控制软件,其主要特点是功能强大,操作简单易用,主要服务于汇川技术系列产品。

一、InoDriveShop 平台软件的安装

1. 软件来源

InoDriveShop 平台软件请向您的 HMI 供应商索取,或者在深圳汇川技术网站上:http://www.inovance.cn 下载,也可以在中国工控网汇川主题上下载,获取最新软件 InoDriveShop。

2. 安装及使用

伺服驱动器的软件为免安装型,打开随机光盘中的"Inno-2.0.5-F-beta-伺服"软件,复制粘贴到计算机任意目录下,进行解压存储即可。

二、Inno-2.0.5-F-beta-伺服控制软件的应用

1. 启动软件

双击文件中的 InoDriverShop ,打开并运行软件。

2. 新建工程

1)打开软件后,新建一个新工程,输入工程名称,选择工程存放路径,点击确定按钮,完成工程的新建,如图 C-1 所示。

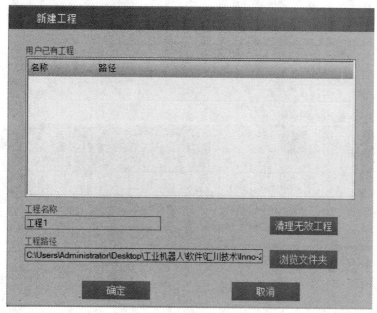

图 C-1　新建工程

2)选择 IS620P,软件版本为 6.8_Ecam_0.1,单击确认,如图 C-2 所示。

3)选择工具栏中的设备设置,单击通信设置,弹出是否搜索设备,选择否,如图 C-3 所示;设置通信端口以及波特率,选择连接,建立通信连接,如图 C-4 所示。

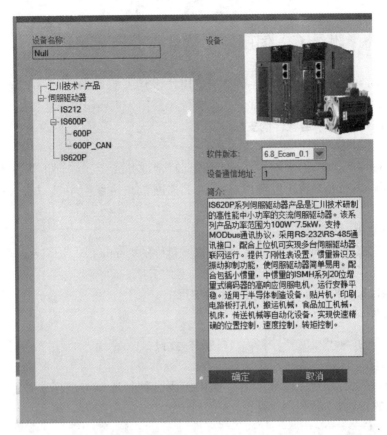

图 C-2　选择版本

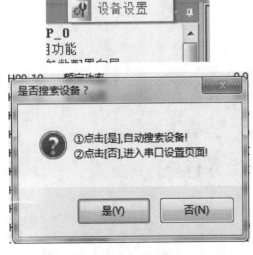

图 C-3　设备设置

图 C-4　建立通信连接

4）连接成功后，选择  全部读取 ，将驱动器中的参数读取到软件中，根据需求，修改相应的参数，选择  写入已修改选中参数 ，将修改好的参数下载到伺服驱动器中，然后断电重启，完成参数的保存。

3. 软件控件的功能简介（见表 C-1）

表 C-1　软件控件的功能

图标	控件名称	功　能　描　述
	新建工程	建立一个新的工程文件
	装载工程	打开并导入已有的工程文件进行编辑或应用
	添加设备	在平台软件上加入相应设备的型号
	设备设置	配置加入设备的基本数据参数
	通信配置	配置加入设备的相关通信参数
	系统设置	配置伺服系统的相关数据参数
	功能码列表	提供汇川伺服电机的所有参数的功能码编号
	示波器	提供仿真示波器，监控显示伺服运行的直观信息
	调试文档	记录存储调试过程的基本信息
	上一功能	快速返回至当前操作界面的前一个操作界面
	下一功能	快速返回至当前操作界面的后一个操作界面
	连接设备	完成软件平台与实际设备的通信连接，实现实时调试控制
	最大化显示	在平台软件中的显示窗口最大化与正常化的切换

附录 D 汇川 IS620P 伺服常见报警参数含义及处理办法

故障显示	可能原因	确认方法	处理措施
Er. 101：伺服内部参数出现异常	控制电源电压瞬时下降	确认是否处于切断控制电（L1C、L2C）过程中或者发生瞬间停电	系统参数恢复初始化（H02-31＝1）后，然后重新写入参数
		测量运行过程中控制电线缆的非驱动器侧输入电压是否符合以下规格：220V 驱动器有效值：220～240V；允许偏差：±10%（198～264V）380V 驱动器有效值：380～440V；允许偏差：±10%（342～484V）	提高电源容量或者更换大容量的电源，系统参数恢复初始化（H02-31＝1）后，重新写入参数
	参数存储过程中瞬间掉电	确认是否参数值存储过程发生瞬间停电	重新上电，系统参数恢复初始化（H02-31＝1）后，重新写入参数
	一定时间内参数的写入次数超过了最大值	确认是否上位装置频繁地进行参数变更	改变参数写入方法，并重新写入；或是伺服驱动器故障，更换伺服驱动器
	更新了软件	确认是否更新了软件	重新设置驱动器型号和电动机型号，系统参数恢复初始化（H02-31＝1）
	伺服驱动器故障	多次接通电源，并恢复出厂参数后，仍出现故障报警时，伺服驱动器发生了故障	更换伺服驱动器
Er. 108：参数存储故障	参数写入出现异常	更改某参数后，再次上电，查看该参数值是否保存	未保存，且多次上电仍出现该故障，需要更换驱动器
	参数读取出现异常		
Er. 110：分频脉冲输出设定故障	编码器分频脉冲数不符合范围	增量式码盘：编码器分频脉冲数不能超过编码器分辨率；20bit 总线式增量编码器，分辨率 1048576（P/r）绝对值码盘：编码器分频脉冲数不能超过编码器分辨率的 1/4	重新设置编码器分频脉冲数（H05-17），使得其满足规定的范围
Er. 121：伺服 ON 指令无效故障	内部使能情况下，外部伺服使能信号（S-ON）有效	确认是否使用辅助功能：H0D-02、H0D-03、H0D-12，同时 DI 功能 1（FunIN. 1：S-ON，伺服使能信号）有效	将 DI 功能 1（包括硬件 DI 和虚拟 DI）信号置为无效
Er. 122：绝对位置模式产品匹配故障	绝对位置模式下检测电动机不匹配或电动机编号设置错误	检查电动机铭牌是否为多圈绝对值编码器电动机；检查 H0000（电动机编号）是否正确	根据电动机铭牌重新设置 H0000（电动机编号）或更换匹配的电动机

（续）

故障显示	可能原因		确认方法	处理措施
Er. 122：绝对位置模式产品匹配故障	H0008 多圈绝对值编码器类型错误		确认是否为 H00-08 = 14100	将 H0008 改为 14100；后设置 H0D04 = 1，等十几秒后，重新上电
Er. 130：DI 功能重复分配	DI 功能分配时，同一功能重复分配给多个 DI 端子		查看 H03-02/H03-04 … H03-20，H17-00/H17-02 … H17-30 是否设置了同一非零 DI 功能编号	将分配了同一非零功能编号的 H03 组、H17 组参数，重新分配为不同的功能编号，然后重新上控制电，即可使更改生效，或先关闭伺服使能信号，并给出"复位信号"即可使更改生效
	DI 功能编号超出 DI 功能个数		是否更新了 MCU 程序	系统参数恢复初始化（H02-31 = 1）后，重新上电
Er. 131：DO 功能分配超限	DO 功能编号超出 DO 功能个数		是否更新了 MCU 程序	系统参数恢复初始化（H02-31 = 1）后，重新上电
Er. 136：电动机编码器 ROM 中数据校验错误或未存入参数	PS + 与 PS – 之间线路异常		PS + 与 PS – 间的阻抗是否在 100Ω 左右，如果无穷大则表示开路；如果阻值很小（几欧姆）则短路	更换编码器或电动机
	5V 与 GND 反接导致烧毁编码器		5V 与 GND 之间阻抗在 2kΩ 左右，如果为无穷大或短路则损坏	更换编码器或电动机
	参数设置错误		IS620P 驱动器，检查 H00-00（电动机编号）设定值是否为 14000	设定 H00-00 为 14000
	接线问题	编码器线缆接线错误	1. 检查编码器线缆两端是否准确对应	1. 根据对应关系调整接线
		编码器线缆损坏	2. 检测编码器线缆两端是否断线	2. 更换编码器线缆
	型号不匹配		若是 IS620P 驱动器，检测电动机型号是否为 20bit 增量式	更换为匹配的电动机
	伺服驱动器损坏		检测驱动器 CN2 端口	更换伺服驱动器
	编码器损坏		编码器接口电路不良	更换编码器或电动机
Er. 201：过电流 2	参数设置错误		检查 H01-02（驱动器型号）设置是否准确 检查增益设置（H08 组参数）是否合理	根据驱动器型号对应的编号设定 H01-02 值 根据电流反馈效果合理调整增益参数
	接线错误	动力线缆接触不良	1. 检查动力线缆连接是否松动 2. 检查插针是否弯曲变形 3. 检查插孔是否扩孔变形	1. 若松动，则将动力线紧固连接 2. 若变形，则更换线缆或线缆端口 3. 若变形，则更换线缆或线缆端口
		动力线缆接错	检查动力线缆 UVW 是否与 PE 接反	按照配线要求重新接线

（续）

故障显示	可能原因		确认方法	处理措施
Er. 201：过电流 2	制动电阻异常		检测外置制动电阻阻值是否偏小	选择合适的外置制动电阻
			检查内置制动电阻是否短路	拆掉 PC 间的短路片，使用外部制动电阻
	对地短路		检查动力线缆 UVW 是否对 PE 短路	更换动力线缆
			电动机内部 UVW 对 PE 短路	更换伺服电动机
	电动机烧坏		检测电动机 UVW 间电阻是否平衡	更换伺服电动机
	驱动器损坏	逆变桥直通	检测逆变桥上桥或下桥是否直通	更换伺服驱动器
		电流检测电路异常	返回厂家检测	更换伺服驱动器
Er. 430：控制电源欠电压	控制电源不稳或者掉电		确认是否处于切断控制电源（L1C L2C）过程中或发生瞬间停电	重新上电，若是异常掉电，需确保电源稳定
			测量控制电线缆的输入电压是否符合以下规格：220V 驱动器的有效值为 220 ~ 240V；允许偏差为 ±10%（198 ~ 264V）	提高电源容量
	控制电线缆接触不好		检测线缆是否连通，并测量控制电线缆驱动器侧（L1C、L2C）的电压是否符合以上要求	重新接线或更换线缆
Er. 500：过速	电动机线缆 U V W 相序错误		检查驱动器动力线缆两端与电动机线缆 U V W 端、驱动器 U V W 端的连接是否一一对应	按照正确 U V W 相序接线
	H0A-08 参数设置错误		检查过速故障阈值是否小于实际运行需达到的电动机最高转速：过速故障阈值 = 1.2 倍电动机最高转速（H0A-08 = 0）过速故障阈值 = H0A-08（H0A-08 ≠ 0，且 H0A-08 < 1.2 倍电动机最高转速）	根据机械要求重新设置过速故障阈值
	输入指令超过了过速故障阈值		确认输入指令对应的电动机转速是否超过了过速故障阈值。位置控制模式，指令来源为脉冲指令时：对于 IS620P 驱动器，编码器分辨率 = 1048576（P/r）对于 23bit 绝对值码盘：编码器分频脉冲数不能超过编码器分辨率的 1/4	位置控制模式：位置指令来源为脉冲指令时：在确保最终定位准确前提下，降低脉冲指令频率或在运行速度允许情况下，减小电子齿轮比 速度控制模式：查看输入速度指令数值或速度限制值（H06-06 ~ H06-09），并确认其均在过速故障阈值之内 转矩控制模式：将速度限制阈值设定在过速故障阈值之内

（续）

故障显示	可能原因	确认方法	处理措施
Er.500：过速	电动机速度超调	用汇川驱动调试平台查看"速度反馈"是否超过了过速故障阈值	进行增益调整或调整机械运行条件
	伺服驱动器故障	重新上电运行后，仍发生故障	更换伺服驱动器
Er.601：回原点超时故障	原点开关故障	原点复归时一直在高速搜索而没有低速搜索过程 原点复归高速搜索后，一直处在反向低速搜索过程	若使用的是硬件 DI，确认 H03 组已设置 DI 功能 31，然后检查 DI 端子接线情况，手动使 DI 端子逻辑变化时，通过 H0B-03 监控驱动器是否接收到对应的 DI 电平变化，若否，说明 DI 开关接线错误；若是，说明原点回归操作存在错误，请正确操作该功能 若使用的是虚拟 DI，参考 10.4 检查 VDI 使用过程是否正确
	限定查找原点的时间过短	查看 H05-35 所设定时间是否过小	增大 H05-35
	高速搜索原点开关信号的速度过小	查看回零起始位置距离原点开关的距离，判断 H05-32 所设定速度值是否过小，导致寻找原点开关的时间过长	增大 H05-32
Er.620：电动机过载	参数设置错误	检查 H01-02（驱动器型号）、H00-05（电动机型号）设置是否准确	根据驱动器型号对应的编号设定 H01-02 值，根据电动机型号对应的编号设定 H00-05 值
		检查增益（H08 组参数）或者刚性（H09-00、H09-01）设置是否偏大	将增益 H08-00、H08-02 或刚性 H09-01 调小
		检测单次加减速时间是否太短导致加减速太频繁	调大加减速时间
	接线错误	检测电动机和驱动器的 UVW 相序是否接错 检测编码器接线是否接错或接触不良	按准确的配线重新接线
	负载太重，电动机输出有效转矩超过额定转矩，长时间持续运转	确认电动机或驱动器的过载特性；查看驱动器平均负载率（H0B-12）是否长时间大于 100.0%	更换大容量驱动器及匹配的电动机或减轻负载，加大加减速时间
	电动机堵转	观察负载是否存在机械卡死引起电动机堵转	解除机械卡死故障
	电动机损坏	参考 Er.B00 故障处理方法	更换伺服电动机
	伺服驱动器损坏	经过上述排查，下电后重新上电，仍出现故障报警	更换伺服驱动器

（续）

故障显示	可能原因		确认方法	处理措施
Er. 630：堵转电动机过热保护	接线问题	动力线缆断线	检测动力线缆两端是否断线	更换线缆，建议用拖链线
		UVW 输出断相	检测驱动器测 UVW 输出是否断相	更换驱动器
		UVW 接线错误	检测电动机和驱动器的 UVW 相序是否接错	按照驱动器端子定义和电动机端子定义重新接线
	电动机堵转		观察负载是否存在机械卡死引起电动机堵转	解除机械卡死故障
	电动机损坏		检测电动机是否消磁	更换伺服电动机
			检测电动机内部 UVW 是否断路	更换伺服电动机
			检测电动机内部 U、V、W、PE 间是否有短路	更换伺服电动机
Er. 650：散热器过热	环境温度过高		测量环境温度	改善伺服驱动器冷却条件，降低环境温度
	过载后，通过关闭电源对过载故障复位，并反复多次		查看故障记录（设定 H0B-33，查看 H0B-34），是否有报过载故障或警告（Er. 610，Er. 620，Er. 630，Er. 650，Er. 909，Er. 920，Er. 922）	变更故障复位方法，过载后等待30s 再复位。提高驱动器、电动机容量，加大加减速时间，降低负载
	风扇坏		运行时风扇是否运转	更换伺服驱动器
	伺服驱动器的安装方向，与其他伺服驱动器的间隔不合理		确认伺服驱动器的安装是否合理	根据伺服驱动器的安装标准进行安装
	伺服驱动器故障		断电 5min 后重启依然报故障	更换伺服驱动器
Er. 731：编码器电池失效	断电期间，未接电池		确认断电期间是否连接	设置 H0D-20 = 1 清除故障
	编码器电池电压过低		测量电池电压	更换新的电池 S6-C4
	电池线正负极或编码器电池线短路或线路不通		测量正负极的阻抗是否为无穷大	排除短路故障，如果是编码器内部短路则更换编码器或电动机
			确认电池线路与编码器电池线路是否导通	排除开路故障，如果是编码器内部开路则更换编码器或电动机
	电池线正负极与编码器对应的电池线接反		蓝色接正极，蓝黑接负极	重新接线
Er. 733：编码器多圈计数错误	编码器故障		设置 H0D-20 = 1 清除故障	若重新上电后仍发生 Er. 733，更换编码器或电动机
Er. 735：编码器多圈计数溢出	H0201 = 1 时检测编码器多圈计数溢出		—	设置 H0D-20 = 1 清除故障，重新上电

（续）

故障显示	可能原因	确认方法	处理措施
Er. 900：DI 紧急刹车	DI 功能 34：刹车，被触发	检查 DI 功能 34：EmergencyStop 刹车，及其对应 DI 端子逻辑是否被置为有效	检查运行模式，确认安全的前提下，解除 DI 刹车有效信号
Er. 909：电动机过载警告	电动机接线、编码器接线错误或不良	对比正确接线图，查看电动机、驱动器、编码器相互间接线	按照正确接线图连接线缆；优先使用标配的线缆；使用自制线缆时，按照硬件接线指导制作并连接
	负载太重，电动机输出有效转矩超过额定转矩，长时间持续运转	确认电动机或驱动器的过载特性；查看驱动器平均负载率（H0B-12）是否长时间大于 100.0%	更换大容量驱动器及匹配的电动机；或减轻负载，加大加减速时间
	加减速太频繁或负载惯量过大	查看机械惯量比或进行惯量辨识，查看惯量比 H08-15。确认伺服电动机循环运行时单次运行周期	加大加减速时间
	增益调整不合适或刚性过强	观察运行时电动机是否振动，声音异常	重新调整增益
	驱动器或者电动机型号设置错误	对于 IS620P 系列产品：查看总线电动机型号 H00-05 和驱动器型号 H01-02	查看驱动器铭牌，设置正确的驱动器型号和电动机型号更新成匹配机型
	因机械因素导致电动机堵转，造成运行时的负载过大	使用汇川驱动调试平台或面板查看运行指令和电动机转速（H0B-00）： 位置模式下运行指令：H0B-13（输入位置指令计数器） 速度模式下运行指令：H0B-01（速度指令） 转矩模式下运行指令：H0B-02（内部转矩指令） 确认是否对应模式下，运行指令不为 0 或很大，而电动机转速为 0	排除机械因素
	伺服驱动器故障	断电后，重新通电	重新通电仍报故障请更换伺服驱动器
Er. 939：电动机动力线断线	电动机动力线断线	查看相电流有效值（H0B-24）与内部转矩指令（H0B-02）是否有 5 倍以上差距，同时实际电动机转速（H0B-00）小于电动机额定转速的 1/4	检查电动机动力线缆接线，重新接线，必要时更换线缆
Er. 941：变更参数需重新上电生效	变更了再次通电后更改生效的功能码	确认是否更改了"生效时间"为"重新上电"的功能码	重新上电

（续）

故障显示	可能原因	确认方法	处理措施
Er. 942：参数存储频繁	非常频繁且大量的修改功能码参数，并存储入 EEPROM（H0C-13 = 1）	检查上位机系统是否频繁、快速修改功能码	检查运行模式，对于无需存储在 EEPROM 参数，上位机写操作前将 H0C-13 设置为 0
Er. 980：编码器内部故障	编码器内部故障	多次接通电源后仍报故障时，编码器产生故障	更换伺服电动机
Er. 990：输入缺相警告	H0A-00 = 1（电源输入断相保护选择：使能故障和警告）时，对 0.75kW 三相驱动器（驱动器型号 H01-02 = 5），允许运行在单相电源下，接入单相电源时，会报警告	确认是否为允许单相运行的三相驱动器	若实际为三相驱动器，且主回路电源线连接三相电源，仍报警告，则按 Er. 420 处理 若实际为三相规格驱动器且允许单相运行，且主回路电源线连接单相电源，仍报警告，则将 H0A-00 置 0
Er. 994：CAN 地址冲突	CANlink 地址冲突	确认从站 H0C-00 间是否存在重复分配	分配各从站地址，确保 H0C-00 不重复
Er. A33：编码器数据异常	总线式增量编码器线缆断线或松动	检查接线	确认编码器线缆是否有误连接，或断线、接触不良等情况，如果电动机线缆和编码器线缆捆扎在一起，则请分开布线
	总线式增量编码器参数读写异常	多次接通电源后，仍报故障时，编码器发生故障	更换伺服电动机
Er. A34：编码器回送校验异常	参数设置错误	1. IS620P 驱动器，检查 H00-00（电动机编号）设定值是否为 14000 2. IS620N 驱动器，检查 2000-01h（电动机编号）设定值是否为 14101	1. 设定 H00-00 为 14000 2. 设定 2000-01h 为 14101
	型号不匹配	若是 IS620P 驱动器，检测电动机型号是否为 20bit 增量式；若是 IS620N 驱动器，检测电动机型号是否为 23bit 增量式	更换为匹配的电动机
	编码器线缆断线	检查编码器线缆是否存在断路，线缆两端与电动机、驱动器是否紧固连接	更换完好的编码器线缆，并紧固连接
Er. A35：编码器 Z 信号丢失	编码器故障导致 Z 信号丢失	使用完好的编码器线缆且正确接线后，用手拧动电动机轴，查看是否依然报故障	更换伺服电动机
	接线不良或接错导致编码器 Z 信号失	用手拧动电动机轴，查看是否依然报故障	检查编码器线是否接触良好，重新接线或更换线缆

（续）

故障显示	可能原因	确认方法	处理措施
Er. B01：脉冲输入异常	输入脉冲频率大于设定的最大位置脉冲频率（H0A-09）	检查 H0A-09（最大位置脉冲率）是否小于机械正常运行时，需要的最大输入脉冲频率	根据机械正常运行时需要的最大位置脉冲频率，重新设置 H0A-09。若上位机输出脉冲频率大于4MHz，必须减小上位机输出脉冲频率
	输入脉冲干扰	首先，通过汇川驱动调试平台软件的示波器功能，查看位置指令是否存在突然增大的现象，或查看伺服驱动器输入位置指令计数器（H0B-13）是否大于上位机输出脉冲个数。然后，检查线路接地情况	首先，脉冲输入线缆必须采用双绞屏蔽线，并与驱动器动力线分开布线。其次，使用低速脉冲输入端口（H05-01＝0），选用差分输入时，上位机的"地"必须和驱动器的"GND"可靠连接；选用集电极开路输入时，上位机的"地"必须和驱动器的"COM"可靠连接；使用高速脉冲输入端口（H05-01＝1），仅能使用差分输入，且上位机的"地"必须和驱动器的"GND"可靠连接。最后，根据所选硬件输入端子，增大脉冲输入端子的管脚滤波时间 H0A-24 或 H0A-30
Er. B02：全闭环位置偏差过大	驱动器 U V W 输出断相或相序接错	无负载情况下进行电动机试运行，并检查接线	按照正确配线重新接线，或更换线缆
	驱动器 U V W 输出断线或内/外编码器断线	检查接线	重新接线，伺服电动机动力线缆与驱动器动力线缆 UVW 必须一一对应。必要时应更换全新线缆，并确保其可靠连接
	因机械因素导致电动机堵转	由汇川驱动调试平台或面板显示，确认运行指令和电动机转速（H0B-00）： 位置模式下运行指令：H0B-13（输入位置指令计数器） 速度模式下运行指令：H0B-01（速度指令） 转矩模式下运行指令：H0B-02（内部转矩指令） 确认对应模式下，是否运行指令不为0，而电动机转速为0	排查机械因素
	伺服驱动器增益较低	检查伺服驱动器位置环增益和速度环增益：第一增益 H08-00 ~ H08-02；第二增益 H08-03 ~ H08-05	进行手动增益调整或者自动增益调整
	输入脉冲频率较高	位置指令来源为脉冲指令时，是否输入脉冲频率过高。加减速时间为0或过小	降低位置指令频率或减小电子齿轮比。使用上位机输出位置脉冲时，可在上位机中设置一定的加速度时间；若上位机不可设置加减速时间，可增大位置指令平滑参数 H05-04、H05-06

（续）

故障显示	可能原因	确认方法	处理措施
Er. B02：全闭环位置偏差过大	相对于运行条件，故障值（H0F-08）过小	确认全闭环位置偏差过大故障阈值（H0F-08）是否设置过小	增大 H0F-08 设定值
	伺服驱动器/电动机故障	通过汇川驱动调试平台的示波器功能监控运行波形：位置指令、位置反馈、速度指令、转矩指令	若位置指令不为零而位置反馈始终为零，更换伺服驱动器/电动机
Er. B03：电子齿轮设定超限	电子齿轮比设定值超过上述范围	若 H05-02 = 0，确定参数 H05-07/H05-09，H05-11/H05-13 的比值；若 H05-02 > 0，确定编码器分辨率/H05-02，H05-07/H05-09，H05-11/H05-13 的比值	将编码器分辨率/H05-02、H05-07/H05-09，H05-11/H05-13 比值设定在上述范围内
	参数更改顺序问题	更改电子齿轮比关联参数：H05-02、H05-07/H05-09，H05-11/H05-13 时，由于更改顺序不合理，导致计算电子齿轮比的过渡过程发生电子齿轮比超限	使用故障复位功能或重新上电即可
Er. B04：全闭环功能参数设置错误	全闭环位置模式下，位置指令来源为内部位置指令，但使用了内外环切换模式	查看 H0F-00 是否为 2；确认是否位置指令来源为内部位置指令：多段位置指令、中断定长功能	使用全闭环功能时，且位置指令来源为内部位置指令时，仅可以使用外部编码器反馈模式，即 H0F-00 仅能为 1
Er. D03：CAN 通信连接中断	CAN 通信连接中断：从站掉站	检查主站 PLC CAN 通信卡灯的状态：主站 PLC 的 ERR 灯以 1Hz 的频率闪烁，且有部分从站 PLC 的 ERR 灯长亮（使用 PLC 后台软件时，可在主站的元件监控表中监控 D78××，××表示站号，十进制，部分已配置的站点对应的 D78×× 为 5 表示该从站发生故障）	检查 ERR 灯长亮的从站与主站间的通讯线缆连接情况；检查 ERR 灯长亮的从站通信波特率 H0C-08，调整成与主站一致
	CAN 通信连接中断：主站掉站	检查主站 PLC CAN 通信卡灯的状态：所有从站 PLC 的 ERR 灯长亮（使用 PLC 后台软件时，可在主站的元件监控表中监控 D78××，××表示站号，十进制，所有已配置的站点对应的 D78×× 全部为 5 表示主站发生故障）	检查主站的线缆连接情况
Er. d09：软件位置上下限设置错误	软件位置上下限设置错误	查看 0x607D-01h 和 0x607D-02h	正确设置 0x607D，保证 607D-1h < 607D-2h
Er. d10：原点偏置设置错误	原点偏置在软件位置上下限之外	查看 0x607D-01h、0x607D-02h、0x607Ch	◆ 正确设置 0x607D，保证 0x607D-01h ≤ 0x607Ch ≤ 0x607D-02h

故障显示	可能原因	确认方法	处理措施
Er. E08：同步丢失	信号通信受干扰，主站同步信号丢失	查看使用线缆是否满足我司对于线缆规格的要求，是否使用带屏蔽功能的双绞屏蔽通信线	建议使用我司或者我司制定规格的线缆 ◆ 请使用带屏蔽功能的双绞屏蔽线缆 ◆ 请按标准接线指导接线 ◆ 设置预使用的同步周期后，将驱动器 EtherCAT 通信状态机切换至运行模式 ◆ 若主站同步周期本身误差较大，请调整主站或增大从站的同步丢失故障容限 200C-24h
		查看线缆是否存在破损或转接	连接线 PE 线要良好
		查看驱动器和上位控制器 PE 是否接好	保证上位机到 PE 接线板和伺服到 PE 接线板良好接触
	EtherCAT 同步中断允许次数偏小	调整面板 H0C35 值，检验效果	在一些无法进行标准配置的现场可以适当增大该值
	上位机停机或者卡死	多台同时报警时可以检测上位机运行标志是否有效	这种故障产生在上位机的逻辑或者语法错误
Er. E12：网络初始化失败	1. 未烧录 FPGA 固件 2. 未烧录设备配置文件 3. 驱动器故障	1. 查看 2001-02h 是否为 01XX. Y 2. 连接主站后，查看伺服面板左起第一位数码管是否与连接网口的端子对应，同时第二位数码管为 1/2/4/8 任一位数字 3. 驱动器故障	1. 烧录 FPGA 固件 2. 烧录设备配置文件 3. 更换伺服驱动器
Er. E13：同步周期配置错误	同步周期不是 125μs 或者 250μs 的整数倍	确认控制器中同步周期的设定值	修改同步周期的设定值为 125μs 或者 250μs 的整数倍
Er. E15：同步周期误差过大	控制器同步周期误差大	测量控制器同步周期 通过数字示波器或通过汇川统一驱动平台的示波器工具，测量"同步周期"	增大厂家参数 200C-2Dh，继续测试，若仍发生 Er. E15，将厂家参数 200C-2Ch 设置为 2